冷湖天文系列

四季星空

FOUR SEASONS STARRY NIGHT

蒲佳意 主编

中国科学技术大学出版社

内 容 简 介

古代的人们是如何认识宇宙的？ 大航海时代的水手们又是如何利用太阳或者星星确定航线的？ 夜空中闪烁的星星都组成了哪些星座？ 如何找到壮美的M42星云？ 恒星是如何演变的？……这些问题的答案都能在这本书里找到蛛丝马迹。通过本书，你可以了解天文学的发展历程；学习星云、恒星、行星、彗星和人造天体等天文学基础知识；认识春夏秋冬四季的典型星座；领略世界级天文观测站以及观星工具的科学魅力。

这不仅是一本介绍宇宙与星空的科普读物，也是一本星空地图，还是一本实践指南，写给每一个对宇宙充满好奇心的人。

图书在版编目(CIP)数据

四季星空 / 蒲佳意主编. —合肥：中国科学技术大学出版社，2022.4 （2023.6重印）

ISBN 978-7-312-05324-5

Ⅰ. 四… Ⅱ. 蒲… Ⅲ. 天文学—青少年读物 Ⅳ. P1-49

中国版本图书馆CIP数据核字(2022)第049472号

四季星空

SIJI XINGKONG

出版 中国科学技术大学出版社
安徽省合肥市金寨路96号，230026
http://press.ustc.edu.cn
https://zgkxjsdxcbs.tmall.com

印刷 安徽国文彩印有限公司

发行 中国科学技术大学出版社

开本 787mm × 1092mm 1/16

印张 11

字数 150千

版次 2022年4月第1版

印次 2023年6月第2次印刷

定价 88.00元

编 委 会

前　言

你是否好奇，古代的人们是如何认识宇宙的？大航海时代的水手们又是如何利用太阳或者星星确定航线的？夜空中闪烁的星星都组成了哪些星座？如何找到壮美的猎户座大星云？恒星是如何演变的？……这些问题的答案都能在本书里找到蛛丝马迹。

本书共有5章，第1章将向你展现天文学的诞生，探究古代中国、古印度、古巴比伦以及古希腊的天文学进程。第2章将带你徜徉于浩瀚星辰，你将认识星云、恒星、行星、彗星以及人造天体等。这是极其壮丽的一章，你可以看到大量来自美国国家航空航天局（NASA）以及专业摄影师拍摄的高清图片，例如泛着红色光芒的猎户座大星云、由浓厚的尘埃组成的马头星云，以及壮丽的超新星遗迹和中子星。而这一切还仅仅是浩瀚星辰中的沧海一粟，宇宙的壮美远远不止如此。你还将走进恒星的一生，了解恒星的演变历程，认识行星以及彗星。在认识了自然天体之后，我们还将带你认识人造天体，自从1957年苏联的斯普特尼克一号卫星进入近地轨道以来，有越来越多的人造卫星围绕在地球周围。你将学习如何辨识人造卫星，以及如何找到目前最大的人造卫星——国际空间站。第3章将带你认识春夏秋冬的典型星座，从此以后，每当你抬头仰望星空时，星星就不再是杂乱无章的亮点了，它们组成了一个个美丽的图案：天鹅、天蝎、猎户……你将如数家珍般说出它们的名字，讲出它们的故事。第4章将向你介绍5个世界级天文观测站，它们分别位于西班牙加那利群岛、美国夏威夷莫纳克亚山、智利阿塔卡马沙漠、南极冰盖和中国青海冷湖。第5章将向你介绍观星工具，既有现在常用的天文望远镜，也有大航海时代的六分仪。我们还准备了六分仪的材料，你可以根据相应的视频制作一个六分仪，并且进行观测，你可以将你的观测结果记录在配套的《星空笔记》中，分享给你身边的人。

这不仅是一本介绍宇宙与星空的科普读物，也是一本星空地图，还是一本实践指南，写给每一个对宇宙充满好奇心的人。无论你是一个痴迷于宇宙天文知识的青少年，还是一个热爱阅读和思考的成年人，都能从中受到启发。

另外，告诉你一个秘密，我们身体里所有的元素都来自几十亿年前的一颗超级恒星，它演化到末期的时候形成了碳、氧、硅、铁等较轻的元素，随后通过中子俘获过程产生了比铁更重的元素，而这些元素成了新一代星系——太阳系的原料，也组成了地球，后来又组成了我们每一个人的身体，因此，我们来自星尘。50亿年之后，太阳演化结束，我们的太阳系也将不复存在，我们将重新成为星星的尘埃。我们来自于星尘，最终也将归于星尘，你我本就是宇宙的一部分。接下来，赶紧打开这本书，开启你的星辰之旅吧！

祝你旅途愉快！

目　录

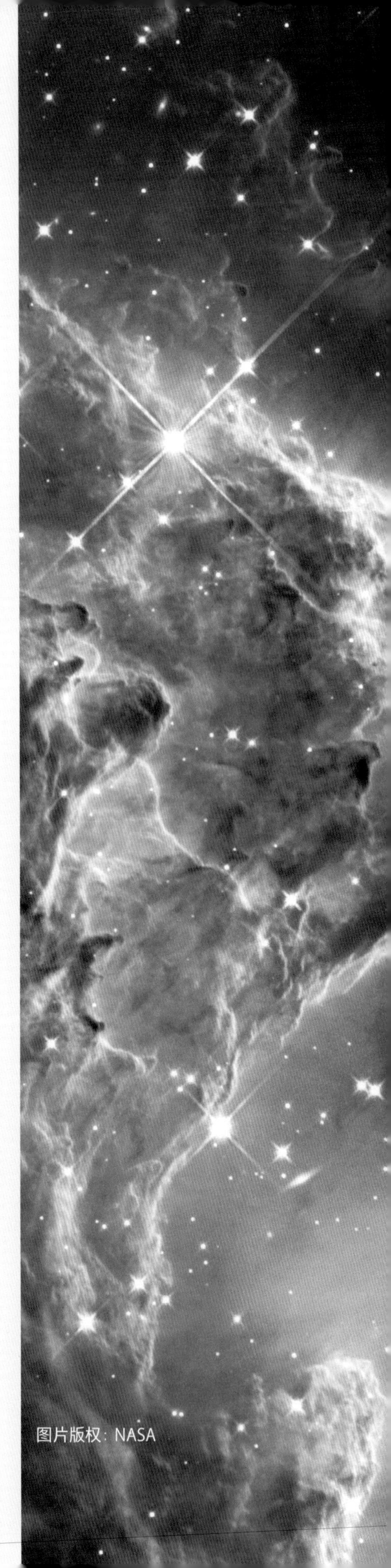

图片版权：NASA

图片版权：NASA

图片版权：NASA

第1章

天文学的诞生

THE BIRTH OF ASTRONOMY

晴朗的夜晚，当夜幕开始笼罩，地面景物逐渐隐退之后，星空无疑成了大自然最壮丽的景色。点点繁星交相辉映，构成奇妙的图像，把人类的视线和想象引向浩瀚的宇宙。人类对宇宙的探索，正是从识认星空开始的。

在远古时期，世界各个古老民族的先民们不约而同地将目光投向了头顶这片璀璨的星空，肆意地在头脑中将群星勾连，形成一条条星斗阑干的纹路。这种天上的纹路，就是古人所谓的“天文”。如今“天文”二字的含义已经远非这种主观想象的范畴。然而这奇妙的纹路逐渐形成了“星座”，成为人类文化的特殊载体传承下来，数千年之后仍是人们茶余饭后津津乐道的谈资。因此天文学可以说是自然界中最古老的一门学科。与一切自然科学一样，天文学从对客观世界的感知到逐渐形成知识的积累，再到通过理性思维发展成反映客观规律的科学，经历了一个长期的过程。

公元前4000年至公元前1800年，在尼罗河流域、底格里斯河和幼发拉底河流域、长江和黄河流域、印度河和恒河流域先后出现了原始的农业定居区，从而形成了举世闻名的四大文明古国。在这些文明古国中，为了掌握农作物播种与收获的节令，人们通过观测星象制定原始的历法，于是产生了天文学。

中国古代天文学

中国是世界上天文学发展较早的国家，历史上曾达到很高的成就，并具有鲜明的特点，为人类文明史描绘了浓重、绚丽的色彩。其特点包括：精确完备的历法研究、系统完整的天象记录、灵巧精密的天文仪器。同时，中国古代对宇宙本源问题的探讨也有精辟的见解。

中国古代天文学的诞生和发展

公元前5000年，在我国大地上就已经出现原始的农业定居区，原始的历法也应运而生。相传在帝尧时代（约前2400年），已经有了专职从事观象授时的天文官。当时已将平常1年定

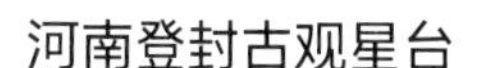

河南登封古观星台

图片来源：Wikimedia Commons

为12个朔望月，若干年内增加一个闰月，平均年长为366天，出现了原始的阴阳历。人们还通过观测黄昏时正南方天空所见的恒星（称“昏中星”）来判断季节。夏朝（约前2070—约前1600年）时，人们除注意观测昏中星外，还观测黎明时正南方天空所见的恒星（称“旦中星”）和不同月份北斗斗柄指向的变化，这样就能更精确地掌握节令。

在商朝（约前1600—约前1046年）的甲骨卜辞中，干支纪日的材料很多。有一块武乙时期的牛胛骨上完整地刻着六十干支。在甲骨卜辞中还有丰富的日食、月食、新星等天象记录。

西周时期（前1046—前771年），在铜器的铭文中记载了大量的月相变化。人们越来越重视对星空的观测和研究，把赤道和黄道附近的星空划分为二十八宿，人们已经认识了金星和银河。当时，人们已开始制造仪器用于天文观测，如最古老的天文仪器圭表在西周初已经出现，并用它定了二至和二分。漏刻也已经发明了出来。

西周以前是中国天文学的诞生时期，当时天文知识十分普及。明末顾炎武在《日知录》里说：“三代以上，人人皆知天文。七月流火，农夫之辞也；三星在天，妇人之语也；月离于毕，戍卒之作也；龙尾伏晨，儿童之谣也。”

体系形成时期 从春秋到汉末为止（前770—220年），中国古代天文学的各项内容均已完备，一个富有特色的体系已经建立起来。张衡就是这一时期的代表。

繁荣发展时期 从三国到五代（220—960年），这一时期经历了唐代全面兴盛的局面，天文学在历法编算、仪器制造、大地测量和宇宙观念等方面取得了新的成就。这一时期著名的天文学家有南北朝时期的祖冲之和唐代的一行。

鼎盛时期 从宋初到明末（960—1600年），封建经济在宋代进一步发展，计算得到推动，天文学在这一时期也取得了许多重要成就。到了元代，在著名天文学家郭守敬的主导下，中国古代天文学在各方面都达到了顶峰。

中国古代的历法

中国古代历法的特点包括：①基本都是阴阳历。②采用干支纪日、岁星纪年和干支纪年。干支纪日从春秋时鲁隐公元年（前722年）二月己巳日起，从未间断。③采用二十四节气。西周时用圭表测日影定出二分二至，到汉初，二十四节气已完全定出。④十分重视朔的推算。朔是朔望日的起算日，东汉之后按日月的世界视运动推算朔日。⑤内容十分广泛。除了通常的编排历谱以外，还涉及日、月和五大行星位置的推算，日月食的预报，昏旦中星的测定等诸多工作。中国历法的发展是中国天文学史的一条主线。主要历法有：

古六历 先秦时期，各诸侯国使用不同的历法，通常为“古六历”，即黄帝历、颛顼历、夏历、殷历、周历、鲁历。它们取一年的长度为365.25天，故又被称为“古四分历”。一个朔望月的长度为29.530851日，并采用19年7闰的置闰法则。秦始皇统一中国后，采用颛顼历，汉承秦制，一直沿用到汉武帝时代。

太初历 汉武帝时由天文学家落下闳和邓平编订了新的历法——太初历。他们首次规定以无中气的月份为闰月，此后成为后世编历的定则；还首次完整地把二十四节气订入历法。

大明历 东晋时的虞喜发现了岁差，南朝刘宋的著名天文学家祖冲之将岁差加入了历法中，编订了大明历。大明历区分了回归年和恒星年的历法，并使用了由实测所得较以准确的回归年长度（365.2428日）。

大衍历　唐代高僧、天文学家一行编制了大衍历。他首次根据太阳的不均匀视运动编排了太阳运行表。

授时历　授时历是由元初著名天文学家郭守敬和王恂等人创制的。它是中国古代最精良的历法，它所采用的数据是当时世界上最精确、最先进的，应用时间长达364年之久（直至明末）。取一个回归年长365.2425日，并且推算出了太阳黄道和赤道坐标的换算。

这里，我们要着重讲一下**大火历**。4 000多年前，黄帝之孙颛顼（zhuān xū）设立了“火正”官职，专门负责观测心宿二（大火星）。颛顼是上古部落联盟首领，“五帝”之一，人文始祖之一，在位期间，他将都城从穷桑迁至商丘，故心宿二又称商宿、商星。在古代，心宿二是河南商丘一带地区的分野星。具体原因有三：

① 心宿二的颜色与火焰接近，而河南商丘所在地区在龙山文化时代早期是大荒之地，无论是白天放火烧山、开垦荒地，还是夜间燃起篝火、驱赶野兽，都要频繁使用大火。

② 为了防止火灾，龙山文化时代早期（“燧人氏”时代）开始实行“大火历”，即根据一年中心宿二的行度决定人们的用火方式（如“纳火”“出火”“改火”等）。负责观测“大火”星的官员名称叫作“火正”，其工作地点设在商丘，因此商丘一带地区因为观测“大火”星、制作“大火历”的历史经历而成为心宿的分野。

③ 因为商丘地区在公元前2600年至公元前2300年里吸引了来自四面八方的大量移民，所以该地区成为全中国人口最密集的地区。在夜晚升起的无数堆篝火中，出现了一位民意领袖，人们纷纷熄灭自己的篝火，加入那位民意领袖所在的篝火晚会中，即人心向着王者聚集。这就是“心宿”之名的由来。

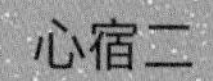

心宿二

心宿二，天蝎座α星（天蝎座的主星），全天第十五亮星，中国古代又称“大火”，属东方苍龙七宿的心宿，即龙星，用来确定季节。心宿二是一颗著名的红超巨星，能放出火红色的光亮，每年5月黄昏，位于正南方，位置最高；7月黄昏，心宿二的位置由中天逐渐西降，“知暑渐退而秋将至”。

图片版权：拂晓

中国古代对天象的观测和记录

中国古代对恒星的观测和星表星图的编制包括：

战国时期（前475—前221年）齐国人甘德著《天文星占》，魏国人石申著《天文》，后人把这两本书合称《甘石星经》，它记载了121颗恒星的坐标位置，约成书于公元前4世纪，是世界现存最早的星表。

现存世界上最古老的星图是中国敦煌莫高窟的《敦煌星图》，图中标注了约1 350颗星星的位置，绘于唐中宗时期（656—710年）。

南宋淳祐七年（1247年）所刻的苏州石刻星图是世界上现存较早的大型科学星图。它以北天极为中心，标有1 440颗恒星和银河，3个同心圆代表恒显圈、赤道和恒隐圈，还有黄道和赤经圈。

其他的天象观测和记录有：

日食和月食 我国早在公元前一千多年的殷商甲骨文中，就有了日食和月食的记录。自春秋至清代，日食和月食的记录都各在千次以上。《尚书·胤征》中关于夏朝仲康元年（前2047年）的一次日食记录是世界上最古老的日食记录。

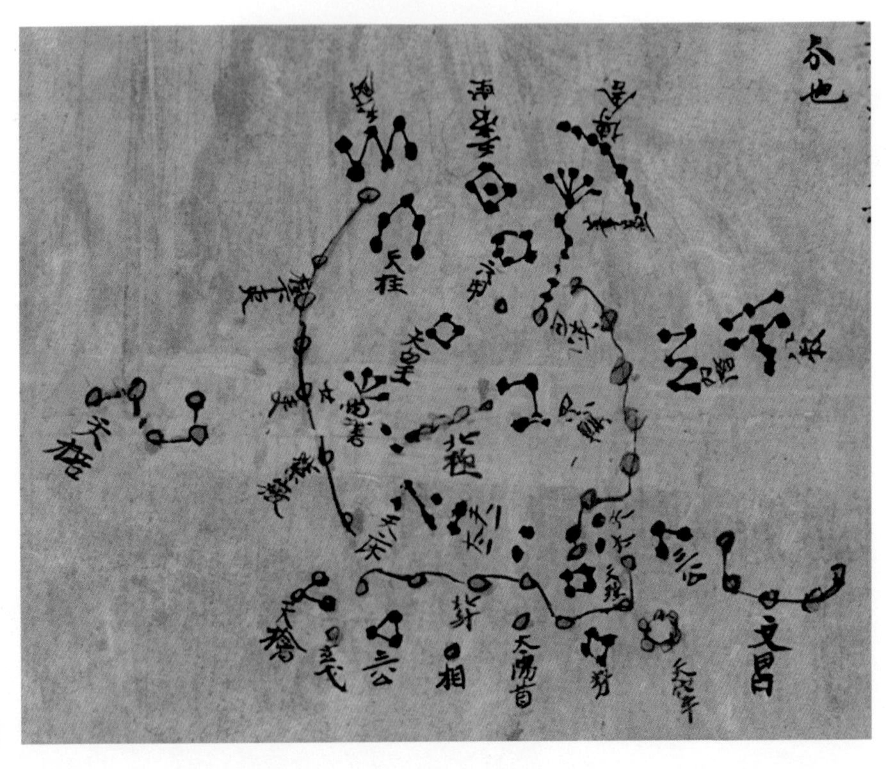

敦煌莫高窟古卷星图

彗星　我国最早的记录是殷末武王伐纣时所见的彗星。《淮南子·兵略训》载："武王伐纣，……彗星出而授殷人其柄。"有人考证这可能是公元前1057年回归的哈雷彗星。我国古代的彗星记录总数达2 000次之多，其中哈雷彗星从秦始皇七年（前240年）至1910年共29次回归，均有记载。

新星和超新星　我国古代早在公元前1300年左右就有关于这种天象的记录，如殷商甲骨文中"七日己巳……新大星并火"。此后直到1700年的天象资料中有68次这种记载。其中最著名的是1054年的超新星的记载。在《送会要》中记有："至和元年（1054年）五月，晨出东方，守天关，昼见如太白，芒角四出，色赤白。凡见二十三日。"近代在这一天区发现的蟹状星云就是这次超新星爆发的遗迹。1968年，人们又在星云中心发现了射电脉冲星。

流星和流星雨　这是我国古代的各种天象记录中数量最多的一类，自西周至清代，共有5 000条以上。最早的为《春秋》所记："鲁庄公七年四月辛卯（前687年3月23日）夜，恒星不见，夜中星陨如雨。"我国古代还有约500次陨石降落的史料。最早的一次见于《春秋》："僖公十有六年春正月戊申（前645年12月4日）朔，陨石于宋五。"

太阳黑子　我国有世界公认最早的太阳黑子记录，《汉书·五行志》记载："汉成帝河平元年（前28年）三月乙未，日出黄，有黑气，大如钱，居日中央。"此后直至清代，共有200多次太阳黑子记录，十分完整。我国学者根据这些资料指出，西方资料提出的"蒙德极小期"实际上是由于记录缺损造成的错误结论。

苏州石刻星图

蟹状星云

蟹状星云，梅西耶星表编号为M1，是一个超新星遗迹，它对应的超新星正是我国宋代记载的于1054年突然变亮的“天关客星”。“天关客星”当时的亮度是金星的6倍，连续23天白天可见。

图片来源：NASA

中国古代天文仪器

测日仪器——圭表 圭表是中国最古老的天文仪器。由“圭”和“表”两个部件组成。其主要用途是根据日影长短确定每年的夏至日和冬至日，进而推算出一回归年的长度。

相传西周初，周公在阳城（今河南登封）设立了测景台。现在留存有建于元代初年的天文台（台高9.46米，石圭长31.196米）和一块刻有“周公测景台”字样的唐代石碑。

圭表直立于平地上测日影的标杆叫作“表”；正南正北方向平放的测定表影长度的刻板叫作“圭”。当太阳照着表的时候，圭上出现了表的影子，根据影子的方向和长度，就能读出时间。

圭表

测星仪器——浑仪和简仪　浑天说是中国古代的一种重要宇宙理论，其代表人物张衡认为“浑天如鸡子，天体圆如弹丸，地如鸡中黄”，天内充满了水，天靠气支撑着，地则浮在水面上。

浑仪是在支柱上安装多个有刻度的圆环，绕中心设有一根可转动的窥管，用以测量天体位置的天文仪器。代表天的圆分为365.25度，浑天旋轴两端分别为南极、北极，赤道垂直于天极，黄道斜交着大圆，黄赤交角为23.25度。据记载，最早制造浑仪的

浑仪

简仪

是西汉（约前1世纪）落下闳。后来，浑仪的结构越来越复杂，把表示多种坐标系的圆环集于一架。元代郭守敬对此加以简化，废除了黄道坐标环组，把地平和赤道两个坐标环组分离安置，创造了简仪。

简仪是元代汉族天文学家郭守敬发明的一种天文观测仪器，它与浑仪一样用于测量天体的位置。但是，浑仪的结构比较繁杂，观测时经常发生环与环相互交叉而阻挡视线的情况，使用极不方便。郭守敬的简仪不仅取消了白道环、黄道环，而且把整个浑仪分成了两部分：一个是赤道经纬仪，一个是立运仪（即地平经纬仪）。

计时仪器——日晷和漏刻 日晷，本义指太阳的影子。现代的“日晷”指的是古代人类利用日影测量时刻的一种计时仪器，又称“日规”。其原理就是利用太阳的投影方向来测定并划分时刻。日晷由圆盘形带刻度的晷面和垂直的晷针构成，由晷针在晷面上的投影指示时刻，有赤道式、水平式等

日晷

不同类型。当前出土最早的日晷是汉代日晷。

我国古代很早就发明了漏刻，用以在阴天和夜晚计时，到了春秋时期，漏刻的使用已相当普遍。漏刻的主要部件是底部带孔的贮水容器，通过从其中滴漏的水量来计量时间。

示天仪器——浑象　浑象又称浑天仪，其结构与功能类似于现代的天球仪，是一种可绕轴转动的刻画有星宿、赤道、黄道、恒隐圈、恒显圈等的圆球。浑象主要用于象征天球的运动，以及演示天象的变化。我国有史可考的最早浑象由西汉耿寿昌制作。东汉时，天文学家张衡制造了第一台“水运浑象”，用水力作为动力，通过齿轮系统推动它转动。浑象在以后各代都有发展，唐代一行和梁令瓒制造的“水运浑天”已具有了现代机械天文钟的雏形。北宋元祐七年（1092年），苏颂和韩公廉等人制成水运仪象台，它是一台把浑仪、浑象以及计时和报时装置三者结合在一起的大型仪器。

浑象

中国古代宇宙理论

盖天说

盖天说 早期的盖天说主张天圆地方，“天圆如张盖，地方如棋局。天旁转如推磨而左行，日月右行，随天左转，故实东行，而天牵之以西没”。（《晋书·天文志》）后来的盖天说又改为：“天似盖笠，地法覆槃，天地各中高外下。”把地也改成弯曲的，像个倒覆的盘子。

浑天说 浑天说最早见于张衡的《浑天仪注》：“浑天如鸡子，天体圆如弹丸，地如鸡中黄，孤居于内，天大而地小。天表里有水，天之包地，犹壳之裹黄。”意思是说我们生活的这个世界的模型就如同一颗鸡蛋，天就是鸡蛋壳，地就是壳中的蛋黄，而蛋黄（大地）漂浮在蛋液（大海）中。浑

浑天说

浑天说

天说的理论虽然也不完善，但相比盖天说已经先进了很多。后期的浑天说改为地是浮在气中的，如宋代张载明确提出“地在气中”的见解。浑天说在狭义的宇宙概念中是有一定意义的，人们甚至发明了浑天仪，可以准确模拟天体运行的规律，它可谓最早的宇宙模型了。这都是因为浑天说的理论接近现代球面天文学的概念，有一定的正确性。

宣夜说　这是一种相当先进的宇宙结构学说，《晋书·天文志》记载：“天了无质，仰而瞻之，高远无极，眼瞀精绝，故苍苍然也。……日月众星，自然浮生虚空之中。其行其止，皆须气焉。”

中国星图

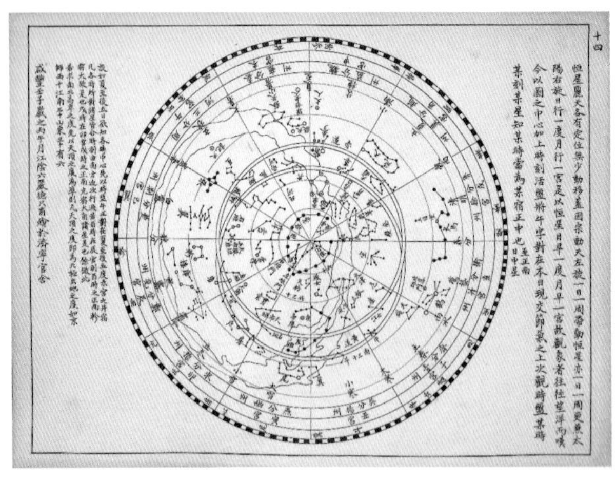

中国星官图

图片来源：中国科学院自然科学史研究所

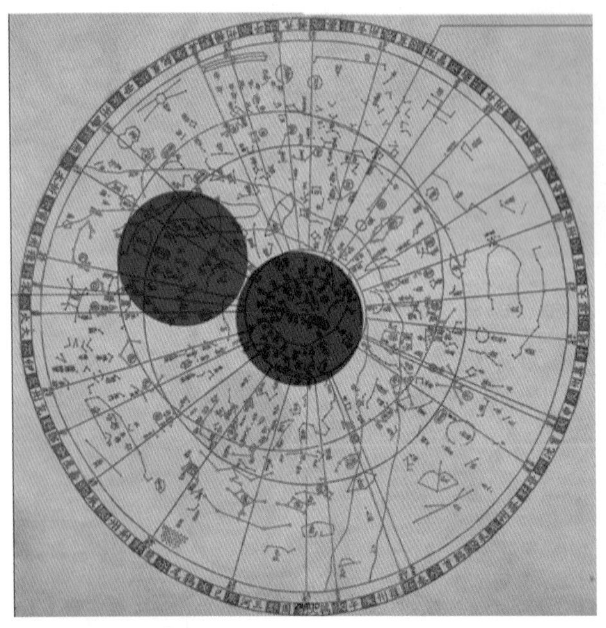

紫微垣、太微垣、天市垣

中国对星空的划分，在《史记·天官书》中有详细记载，起源可追溯至秦以前。在古代，人们把一部分星空分成若干个小区域，每一区域包含或多或少的星官，称为“三垣四象二十八宿”。最早的星官体系见于三国时代，以后历经增添，至清代定为314个星官，包含3 240颗恒星。星官源于古代中国人民对星辰的自然崇拜，以及中国传统的天人合一思想，是古代中国神话和天文学结合的产物。钦天监的官员们将人间的一切都搬到了星空中。这里有帝王将相、后宫嫔妃等人物，有建筑，有交通设施，有商店，有日常器物，有武器，有动物，有植物，有田地、粮仓，有雷电、云雨等自然现象……

“三垣”是北天极周围的3个区域，即紫微垣、太微垣、天市垣。这里“垣”是城墙的意思。每一垣都有左右两道墙环绕，就像是星空中的3座城池。

紫微垣位于以北极星为中心的拱极星区，由于恒星围绕着北天极转动，因此北极星就是天帝

月亮与二十八宿

的象征。《论语·为政》里说“为政以德，譬如北辰，居其所而众星共之”，这里的北辰就是指北极星。“共”同“拱”，在这里是“环绕”的意思。这句话翻译过来的意思就是，用道德的力量治理国家的人，就会像北极星一样，安然地处在自己的位置上，而其他的星辰都会环绕在他的周围。以“帝星”为中心的紫微垣就是天帝居住的宫殿，这里还有“太子”“庶子”以及“后宫嫔妃”等。官员组成两道墙，保护皇宫安全，墙内有仆从听候天帝的吩咐，还有“天床”“天厨”等皇家设施和物品。“北斗”是天帝的御车，载着天帝巡游四方。

太微垣是天帝处理政务的地方。将相们组成城墙，墙内有三公九卿等辅佐天帝，还有“太子”“从官”等近臣，虎贲将军等在太微垣北部待命，保卫皇宫安全。

天市垣是天庭的贸易市场，“魏”“赵”“河中”“河间”等诸侯国或地域名组成了城墙。墙内有商业设施，有称量货物的“斗”“斛”等，还有市场管理中心——“市楼”。

在古人看来，太阳在星空背景中缓慢移动，一年转一圈，因此古人将太阳经过的路径称为“黄道”。月球及金星、木星、水星、火星、土星等行星也在黄道附近运行，因此黄道对历法和星占都十分重要。人们为了便于观察日月及行星的运行规律，将黄道、赤道附近的天区沿着经线的方向进行了划分。西方人在黄道上为太阳建立了12座“宫殿”，称为“黄道十二宫”，而中国在黄道附近为月亮修建了28个“旅店”。因为月亮在恒星背景中运行一周约为28天，差不多一个月。因此古人很自然地就发现在一个月中每天晚上月亮都会位于一个不同的天区，好像住宿在这里一样，由此划分出28个天区，称作“二十八宿（xiù）”。“宿”是住宿的意思。在中国传统的星官体系中，二十八宿中的每一宿都包含了与这一宿同名的主要星官，凡是落在这一天区内的星官，则都属于这一宿统帅，但三垣范围内的星官，只单独属于三垣。在每一宿天区内都不止一个星官，人们在众多的星官中选取其中一个作为代表，并以它的名称来命名该宿。这个代表星官也被称为宿星。例如角宿有11个星官，其中“角”这一星官是角宿的代表星官，它就是角宿的宿星。

二十八宿按照方位分为东、南、西、北4组，每组里有7个宿，分别是东方七宿，包括角、亢、氐（dī）、房、心、尾、箕，有46个星官；北方七宿，包括斗、牛、女、虚、危、室、壁，有65个星官；西方七宿，包括奎、娄、胃、昴、毕、觜（zī）、参（shēn），有54个星官；南方七宿，包括井、鬼、柳、星、张、翼、轸（zhěn），有42个星官。

这4组星宿又与4种颜色、4个动物形象相匹配，叫作“四象”。东方苍龙（亦称青龙），为青色；北方玄武（龟蛇），为黑色；西方白虎，为白色；南方朱雀，为红色。四象的起源与四季星象有关，古人很早就将星象变化与四季交替联系了起来。《尚书·尧典》就记载了根据黄昏时出现在正南方的不同恒星来确定季节的方法（比如“七月流火”）。

四象的文化影响深远，它们由四方星象发展成守护天穹与大地的神灵，并且还渗透到了古人生活的方方面面，例如建筑、军事、风水、宗教等。虽然今天很少有人知道三垣二十八宿，但很多人都能脱口而出“左青龙、右白虎”，生活中也有“青龙峡”“白虎山”“朱雀桥”“玄武湖”之类的名称。《礼记》中记载的“前朱雀而后玄武，左青龙而右白虎”，其实说的是先秦时期春分前后黄昏时四象的位置，观星者面南而立，前方朱雀七宿振翅南天，左边苍龙七宿跃出东方，右边白虎七宿半个身子没入西方，身后玄武七宿则隐没于北方地平线下。

古人在选址建造的时候，也会按照东青龙、西白虎、南朱雀、北玄武这四个方位来。若是从坐北朝南的角度看，那就是左青龙、右白虎、前朱雀、后玄武。唐朝长安宫城的4个正门正是按照这样的方式进行命名的，即南正门为朱雀门，北正门为玄武门。

四象与方位

古印度天文学

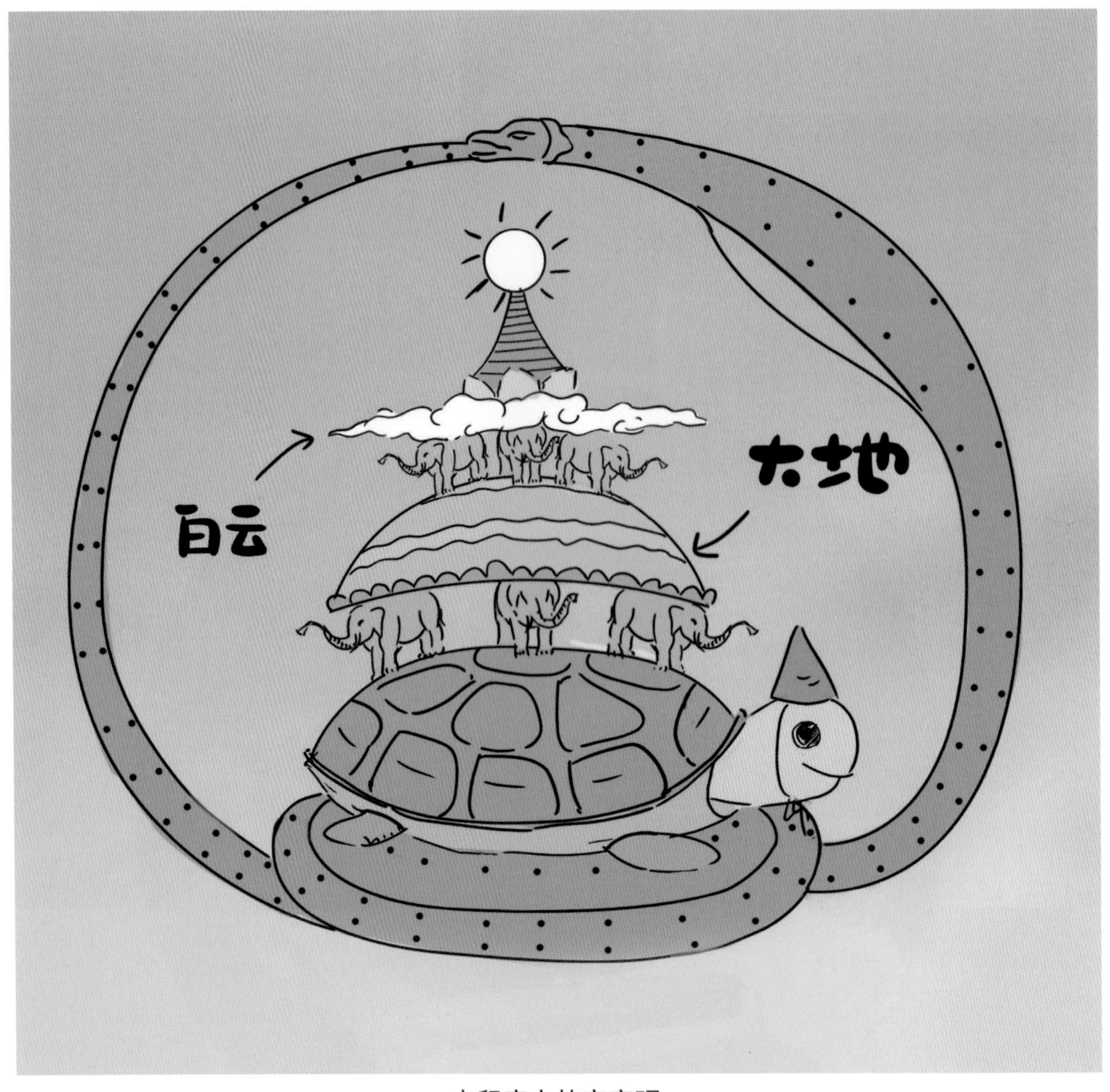

古印度人的宇宙观

公元前2500年到公元前1800年，印度河流域出现了原始农业。在公元前1000年左右，古印度人测得恒星月为27天，朔望月是29.5天，确定太阳年为366天，据此制定并使用太阴历、太阳历和阴阳历等多种历法。当时人们还将黄道天区分成27等份（对应恒星月），称为“月站”，后来以此为基础形成了印度的二十八宿，但是印度的二十八宿是均匀划分的，与中国古代不同。

印度人发展出了自己的天文学，古印度人认为地球是一个倒置的碗，支撑地球的是几头巨大的大象；而大象又站在一只巨大的乌龟背上，它是印度主神毗湿奴的化身。毗湿奴、地球、大象又被一条巨大的眼镜蛇环绕，眼镜蛇代表着水。公元前2000年左右，印度人的宇宙观念与中国古代的盖天说较为接近，他们认为须弥山为天地的正中央，日月环绕须弥山运动而不入地下，日绕行一周为一昼夜。

在笈多王朝时期（约320年—约540年），古希腊天文学传入印度，开始蓬勃发展。此后出现了印度著名的天文学家阿耶波多，他的主要天文著作是《阿里亚哈塔历书》。他根据天文观测，发现了日月食的成因。印度在1975年发射的第一颗人造卫星就是以他的名字命名的。

在阿耶波多以后，出现了天文学家伐罗诃密希罗，他的主要著作《五大历数全书汇编》几乎汇集了当时印度天文学的全部精华，编入书中的五种历法以《苏利亚历数书》最为著名。该书引进了一些新的概念，如太阳、月球的地平视差，远日点的移动、本轮等，并且介绍了太阳、月球和地球的直径推算方法。该书成为印度历法的范本，一直沿用至近代。

公元7世纪前后，印度出现了九执历，它是当时较为先进的印度历法。九执是指太阳、月亮、金星、木星、水星、火星、土星五星，再加计都、罗睺二暗曜。九执历在计算时差对交食的影响，以及月食见食时间有独到方法。该历法将周天分为360度，1度分为60分，又将一昼夜分为60刻，每刻60分。它用19年7闰法。恒星年为365.2762日，朔望月为29.530583日。九执历用本轮均轮系统推算日月的不均匀运动，计算时使用三角函数的方法。

古埃及天文学

早在公元前2700年，古埃及人就已经开始使用年长为360天的太阳历。后来他们发现，黎明时，天狼星随太阳升起后约60天，尼罗河就开始泛滥。尼罗河的泛滥为两岸带来肥沃的河泥，对埃及的农业生产至关重要。古埃及人根据对天狼偕日升和尼罗河泛滥周期的长期观测，把一年由360日增加为365日，这就是现在阳历的来源。正如马克思所说："计算尼罗河涨水的需要，产生了埃及天文学。"但是这与实际周期每年仍约有0.25日之差。如果第一年年初第一天黎明前天狼星与太阳同时从东方升起，120年后就要相差1个月，到第1461年又恢复原状，天狼星又与太阳同时升起，埃及人把这个周期叫作天狗周，因为天狼星在埃及叫天狗。于是到了公元前1300年左右，古埃及人更精确地确定年长为365.25天。

埃及金字塔底座的南北方向也是用天文方法测量的，非常准确。埃及最大的金字塔在北纬30°线南边2千米的地方，金字塔的北面正中有一个入口，从那里走进地下宫殿的通道与地平线恰成30°的倾角，正好对着当时的北极星。除了北极星外，埃及人还认识天鹅、牧夫、仙后、猎户、天蝎、白羊和昴星团等。他们将天赤道附近的星分为36组，每组可能是几颗星，也可能是一颗星。每组管十天，叫作旬星。当一组星在黎明前恰好升到地平线上时，就标志着这一旬的到来。三旬为一月，四月为一季，三季为一年，这是埃及最早的历法。这三个季度的名称是：洪水季、冬季和夏季。冬季播种，夏季收获。

埃及星空

古巴比伦天文学

在底格里斯河和幼发拉底河流经的美索不达米亚平原（现伊拉克所在位置），古巴比伦的天文学与古埃及几乎同时产生（前2700年）。古巴比伦人用置闰的方式补足阴历年对回归年的不足，经过不断改进，到公元前400年，古巴比伦人确定了19年7闰的阴阳历。他们不但对太阳和月亮的运行周期测得很准确（朔望月的误差只有0.4秒，近点月的误差只有3.6秒），对水星、金星、火星、土星和木星五大行星的会合周期也测得很准确。除了年和月外，古巴比伦人还提出了另一个时间单位——星期，并用太阳、月亮和五大行星的名字命名一星期中的7天。他们把一天分为24小时，1小时分为60分钟，1分钟分为60秒；把1周天分为360度，1度分为60角分，1角分分为60角秒。这些创造基本上都被后人继承了下来。

古巴比伦人把星空划分成星座。他们夜观天象时，将一些看起来邻近的星用线连接起来，划分出不同的星座，再将这些星座想象成各种动物、人物或器物，并且进行命名。人类肉眼可见的恒星有近6 000颗，每颗均可归入一个星座，每一个星座可以由其中的亮星所构成的形状辨认出来。他们通过对太阳视运动的观察确定了黄道，定出了黄道十二宫。

古巴比伦人非常重视天象的记录，现在还留下许多他们当时的记载。早在公元前300年左右，他们便发现了计算日月食的“沙罗周期”，长度为6 585.32天，每过这段时间间隔，地球、太阳和月球的相对位置会与原先基本相同，因而前一周期内的日食、月食又会重新陆续出现，每个沙罗周期内约有43次日食和28次月食。

古巴比伦的十二星座星历盘

古希腊天文学与现代星座

古希腊是西方古代文化的发源地。古希腊人广泛地吸收了古巴比伦和古埃及等地的文化成就，根据生产、社会和政治的需要发展出了古希腊文化。古希腊星座起源于四大文明古国之一的古巴比伦。5 000多年以前，美索不达米亚平原上的人们已经划分了二十多个星座，此后，古代巴比伦人继续将星空分为许多区域，并提出新的星座，到公元前1000年左右，星空被划分成了30多个星座。后来古希腊天文学家又对古巴比伦的星座进行了补充和发展，编制出了含43个星座以及昴星团和毕星团的古希腊星座表。

2世纪，古希腊天文学家托勒密综合当时的天文成就，编制了48个星座，并用假想的线条将星座内的主要亮星连起来。托勒密把它们想象成动物或人物的形象，并用神话故事里的人物将它们命名，这就是星座名称的由来。

托勒密

希腊神话故事中的48个星座大都居于北方天空和赤道南北。

托勒密的48星座被沿用了1 000多年，直到15世纪大航海时代来临，人们才发现，48星座到了南半球不够用了！然而直到18世纪，法国天文学家拉卡伊才在好望角观测并绘制了第一幅完整的南天星空。南天极附近的星座都是由他划定的，他用新发明的科学仪器或美术工具（例如八分仪座、矩尺座等）来命名这些星座。南天极附近没有一颗亮星，因此南天极没有南极星。

1928年，国际天文学联合会正式公布国际通用的88个星座方案，用精确的边界把天空分为88个正式的星座，使天空中的每一颗恒星都属于某一特定星座。

虽然将恒星组成星座基本上是一个随意的过程，在不同的文明中有由不同恒星所组成的不同星座，但是部分由较显眼的恒星所组成的星座，在不同文明中大致相同，如猎户座及天蝎座。

古希腊星图（a）

古希腊星图（b）

2

第2章

初识宇宙

INTRODUCTION TO THE UNIVERSE

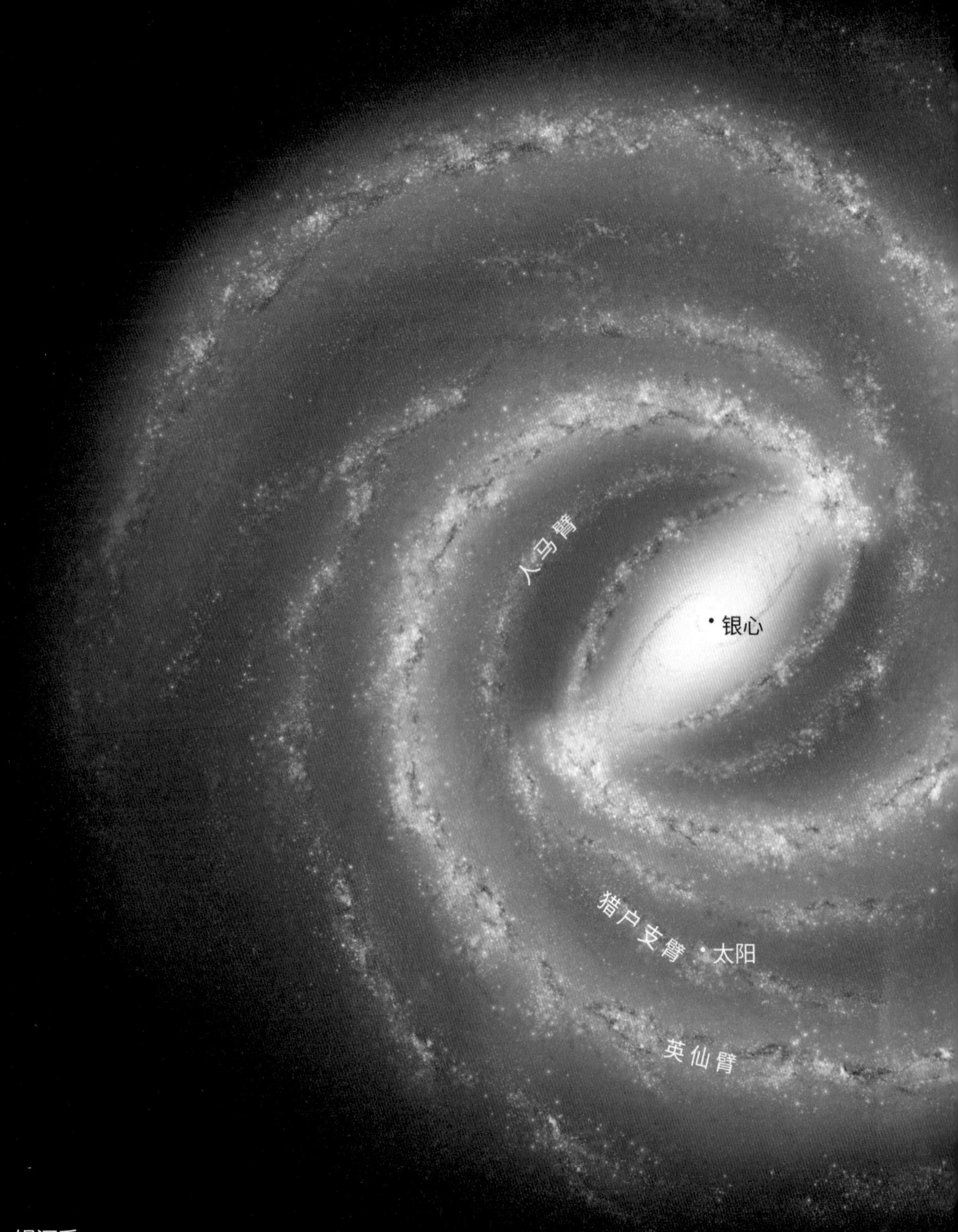

银河系

图片来源：NASA

宇宙的结构

银河系（Milky Way Galaxy）

星系是由恒星、气体、宇宙尘埃和暗物质所组成的受到引力束缚的大质量系统。宇宙中可能存在数百亿个星系。银河系是宇宙中的众多星系之一。

我们人类所在的银河系是一个旋涡星系，包含大约2 000亿颗恒星，人类赖以生存的太阳只是银河系中非常普通的一颗恒星。银河系的年龄大约为136亿年，而宇宙的年龄只有138亿年左右，这意味着银河系在宇宙“黑暗时期”刚结束就形成了，那时第一批恒星刚刚开始发光。银河系的恒星大多分布在一个扁平的圆盘之中，直径约为10万光年。银河系的中心有一个凸起的核球，其半径约为1.3万光年，周围大量的气体、恒星和尘埃组成银河系的一条条旋臂。太阳系位于银河系的猎户支臂上，即英仙臂和人马臂之间。太阳系绕着银心（银河系的中心）运动，速度约为220千米/秒，绕行一圈大约需要2.2亿年。

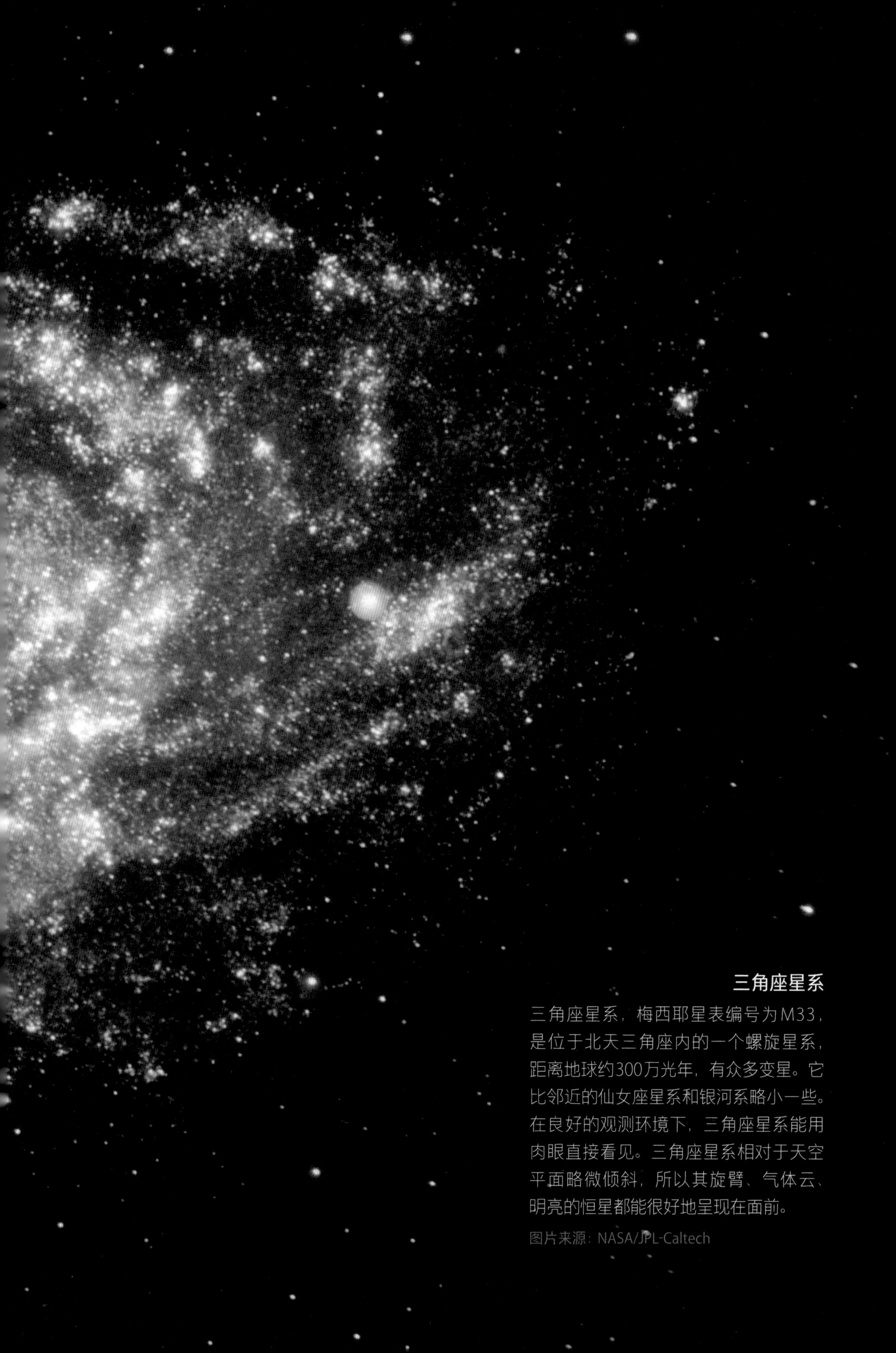

三角座星系

三角座星系，梅西耶星表编号为M33，是位于北天三角座内的一个螺旋星系，距离地球约300万光年，有众多变星。它比邻近的仙女座星系和银河系略小一些。在良好的观测环境下，三角座星系能用肉眼直接看见。三角座星系相对于天空平面略微倾斜，所以其旋臂、气体云、明亮的恒星都能很好地呈现在面前。

图片来源：NASA/JPL-Caltech

旋涡星系

这是一个旋涡星系，梅西耶星表编号为M51。它位于北天猎犬座，距离地球大约2 300万光年。天文爱好者很容易就能观察到这个星系和它的伴星系，在观测条件良好的天气下，天文爱好者甚至可以通过双筒望远镜看到这两个星系。

图片来源：NASA

草帽星系

草帽星系，梅西耶星表编号为M104，因该星系看起来好似一顶墨西哥草帽而得名。它位于室女座，距离地球2930万光年，它是一个旋涡星系。

图片来源：NASA

针状星系

针状星系（NGC4565）是一个旋涡星系，位于后发座。明亮的NGC4565星系是春天北方的天空天文爱好者喜欢观测的对象。从地球上遥望NGC4565星系侧面，它就像一根细针，因为它侧面看起来又细又长。NGC4565距离地球约4 000万光年，覆盖范围约10万光年。NGC4565其实用小型望远镜就能看清，却被梅西耶所遗漏。

图片来源：NASA/JPL-Caltech

太阳系（The Solar System）

太阳系是由太阳和所有受到太阳引力约束的天体所组成的大家庭。太阳系包括太阳、8颗行星、近500颗卫星和至少120万颗小行星，还有一些矮行星和彗星。若以海王星轨道作为太阳系边界，则太阳系直径为60天文单位（1天

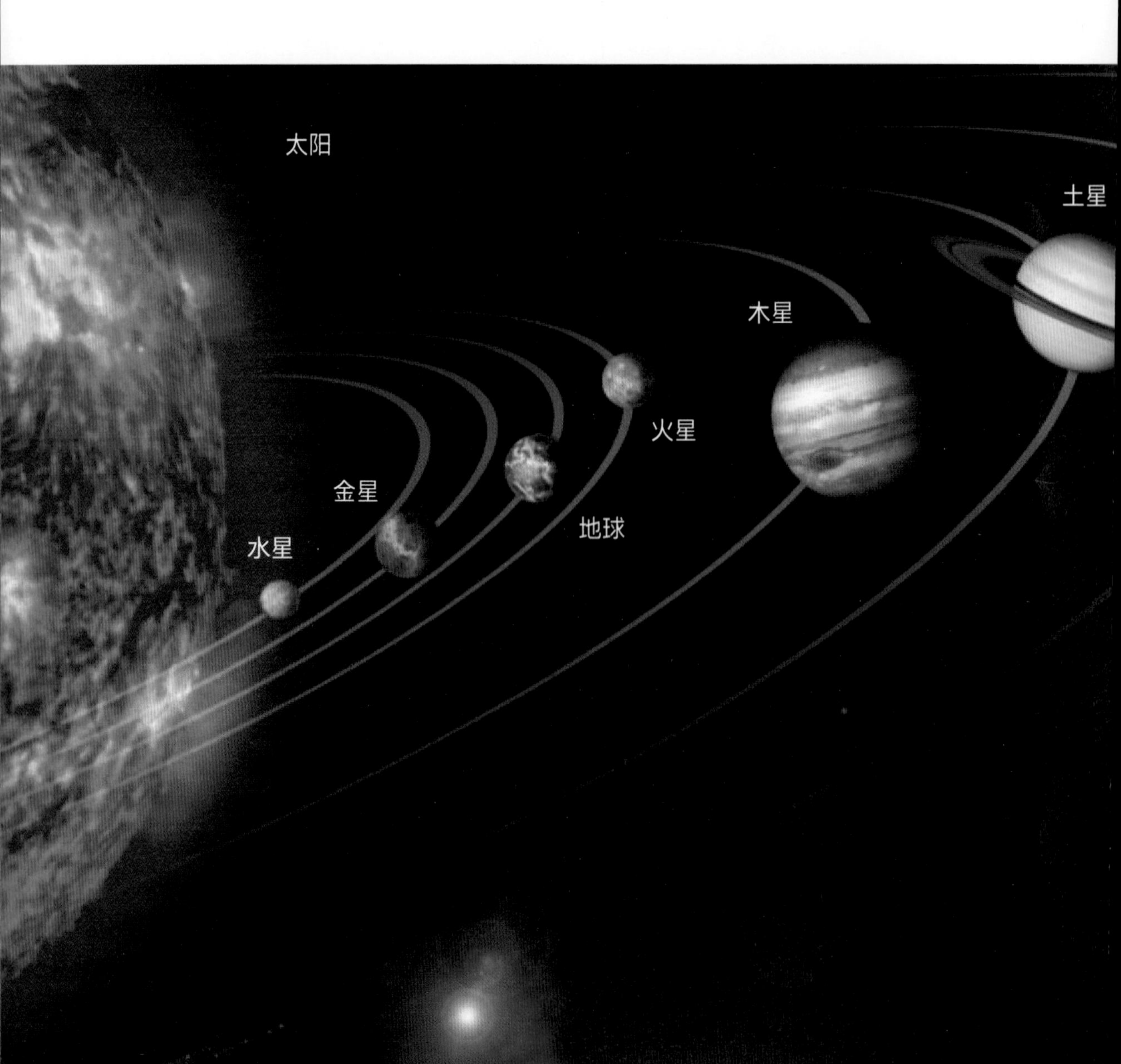

文单位约等于平均日地距离），即约90亿千米。若以日球层（即太阳风所能触及的范围）为界，则太阳距太阳系边界可达100天文单位（最薄处）。若以奥尔特云为界，则太阳系直径可能有20万天文单位。

太阳系的形成大约始于46亿年前一个巨型星际分子云的引力坍缩。太阳系内大部分的质量都集中于太阳，余下的天体中，质量最大的是木星。八大行星逆时针围绕太阳公转。此外还有较小的天体，如位于木星与火星之间的小行星带，柯伊伯带和奥尔特云也存在大量的小天体。很多卫星绕转在行星或者小天体周围。小行星带外侧的每颗行星都有行星环。

行星是指那些自身不发光，环绕着恒星旋转的天体。像太阳那样，自身能发光发热的天体，叫作恒星。环绕一颗行星按闭合轨道做周期性运行的天体，叫作卫星。月球是地球的天然卫星。

在太阳系中一共有八大行星，从靠近太阳的位置开始依次为水星、金星、地球、火星、木星、土星、天王星、海王星。

太阳系中的八大行星

图片来源：NASA

天体

星云（Nebula）

17世纪初，在望远镜出现不久之后，天文学家就在光学望远镜里发现了一些呈云雾状的天体，把它们称为星云。而后的1656年，荷兰科学家惠更斯首次对星云（猎户座星云）进行了详细观测。

星云是一种由星际气体和尘埃聚集而成的云雾状天体，主要由氢和氦构成，还含有一定比例的金属元素和非金属元素。在天文学中，一般将星云分为三类：弥漫星云、行星状星云和超新星遗迹。

弥漫星云（Diffuse Nebula）

弥漫星云没有规则的形状，也没有明显的边界，平均直径为几十到几百光年。弥漫星云是恒星诞生的摇篮，星云中氢分子聚集的区域受到扰动时会发生坍缩，最终会形成恒星。诞生的恒星将周围的星云照亮，于是我们就看到了发射星云、反射星云以及暗星云。

玫瑰星云

玫瑰星云（NGC 2237）是一个巨大的电离氢区，位于麒麟座一个庞大分子云的末端。该星团与星云距离地球大约5 200光年，直径大约为130光年。

图片来源：Pixabay

发射星云（Emission Nebula）一般位于恒星形成区（也称为HII区或电离氢区），其中的气体和尘埃在引力作用下向凝聚中心坍缩，新一代的恒星就在这些区域中形成。这些年轻的恒星发出高能的紫外波段辐射，使恒星附近的气体发生电离。不同元素会释放不同颜色的电磁波，所以发射星云的颜色取决于被电离元素的种类。星云中大部分是氢元素，而氢原子只需相对较低的能量就可被电离，发出红色的光，因此许多发射星云都是红色的，例如猎户座大星云（NGC1976）、北美洲星云（NGC7000）。当我们看到发射星云时，就意味着这个区域已经诞生了新的恒星，它的辐射已经将这里点亮。

猎户座大星云

猎户座大星云是位于猎户座的发射星云。梅西耶星表编号为M42，直径约16光年，视星等4等，距地球1 500光年。猎户座大星云是太空中正在产生新恒星的一个巨大气体尘埃云。我们通过望远镜观察，可以看出猎户座大星云的形状犹如一只展开双翅的大鸟，它的亮度相当高，在无光害的地区用肉眼就可看到。猎户座大星云是全天最明亮的气体星云。

图片来源：NASA

礁湖星云

礁湖星云，梅西耶星表编号为M8，是一个位于南天人马座的发射星云。这个星云是许多天文爱好者十分熟悉并且喜爱的天体之一，也是天文摄影的热门目标天体。礁湖星云充满炽热气体，是许多年轻恒星的家园，因其中心左侧的数道尘埃带而获得了礁湖星云的别名。

图片来源：Pixabay

昴星团

昴星团，梅西耶星表编号为M45。它是位于金牛座天区明亮的疏散星团，构成星团几颗亮星在昴宿，由此得名。北半球晴朗的夜空中，我们用肉眼就可以看到它，通常见到有六七颗亮星，所以又常被称为七姐妹星团。昴星团是离地球较近、也是较亮的几个疏散星团之一。昴星团总共含有超过3 000颗的恒星，它的横宽大约13光年，距离地球400多光年。在中国民间，昴星团被认为是七仙女的化身。

图片来源：Pexels

反射星云（Reflection Nebula）是靠反射附近恒星的光线而发光的，呈蓝色。由于散射对蓝光比对红光更有效率，所以反射星云通常都是蓝色的。这与天空呈现蓝色的原理相同，因为波长越短，散射越强。反射星云是由气体和大量尘埃组成的、反射附近恒星或星团光线的星云。这些恒星或星团不能发出足够的高能紫外辐射，因此不能让星云电离而发光，但是恒星会给星团带来足够的亮度，从而让尘埃颗粒因散射光线而被看见。因此，反射星云显示出的频率光谱与照亮它的恒星相似。

反射星云和发射星云常结合在一起成为弥漫星云，例如猎户座大星云。常见的反射星云有昴星团（M45星云）和M78星云。

昴星团细节图

图片来源：Pexels　　图片版权：Adam Krypel

马头星云

马头星云主要由浓厚的尘埃组成，从地球的方向看去，黑暗的尘埃和旋转的气体构成的形状犹如马头。衬托它的背景为明亮的发射星云IC 434。

图片来源：NASA

暗星云（Dark Nebula）是一种本身不发光的星云，由浓密的气体和尘埃组成。这类星云具有较大的密度，大到足以遮挡后方的发射星云或背景恒星。最著名的暗星云当属马头星云。

行星状星云（Planetary Nebula）

质量较小的恒星演化至老年的红巨星阶段后，其外层气体壳会燃烧并向外膨胀，燃烧殆尽的气体壳会被核心的白矮星电离，形成向外扩展状的发射星云。因为许多行星状星云在小型望远镜中呈现出行星圆盘状的外观，它便因此而得名。行星状星云与发射星云一样，也是受恒星辐射电离而发光的。太阳在几十亿年后也会抛出行星状星云，成为一颗白矮星。

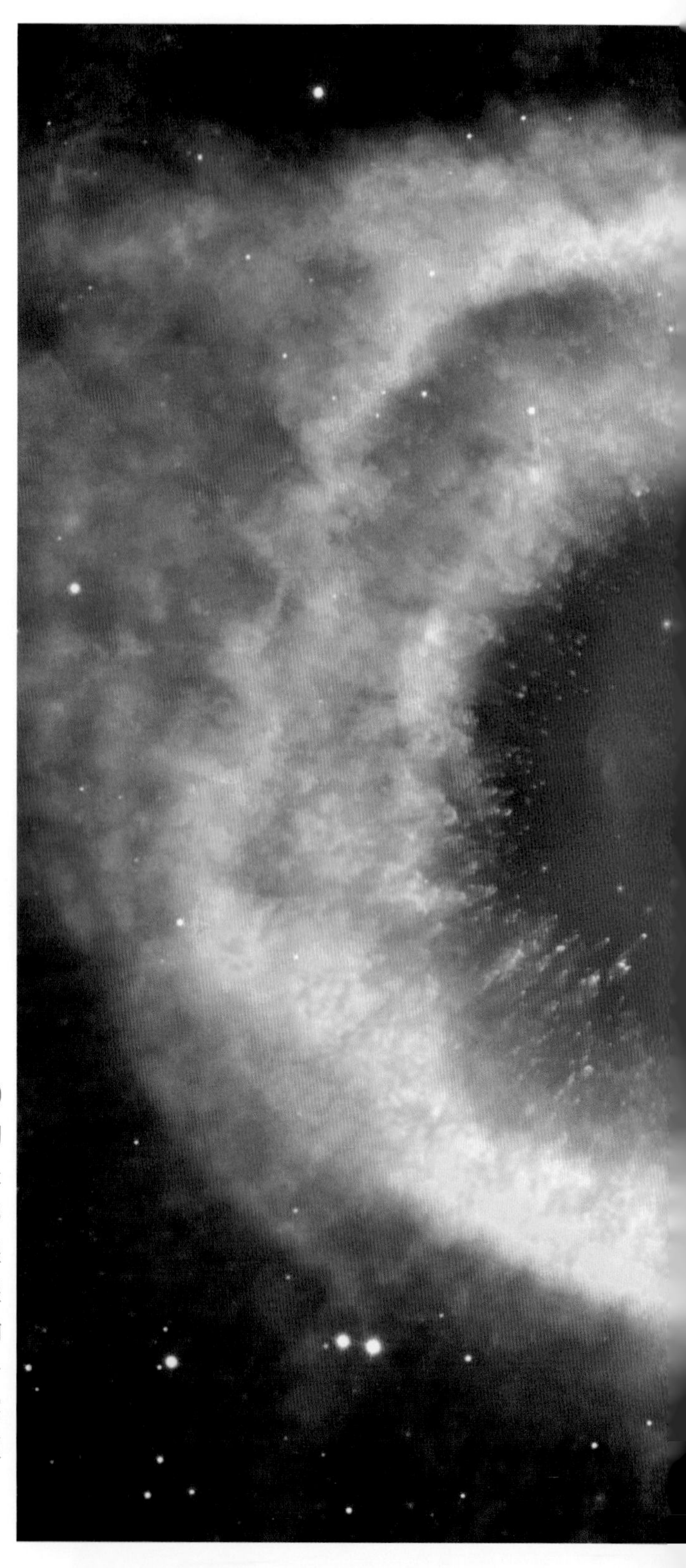

上帝之眼

上帝之眼（NGC7293）距离地球650光年，位于水瓶座。它是非常典型的行星状星云。行星状星云实际上是由恒星的残骸所形成的。NGC7293拥有蔚蓝色的“瞳孔”和“白眼球”，四周是肉色的“眼睑”，与眼睛很像，但“上帝之眼”其实浩瀚无边，它散发的光线从一侧到另一侧需要五六年时间。这个星体其实是由位于水瓶座中央的一颗昏暗恒星吹拂而来的气体和尘埃形成的。

图片来源：NASA

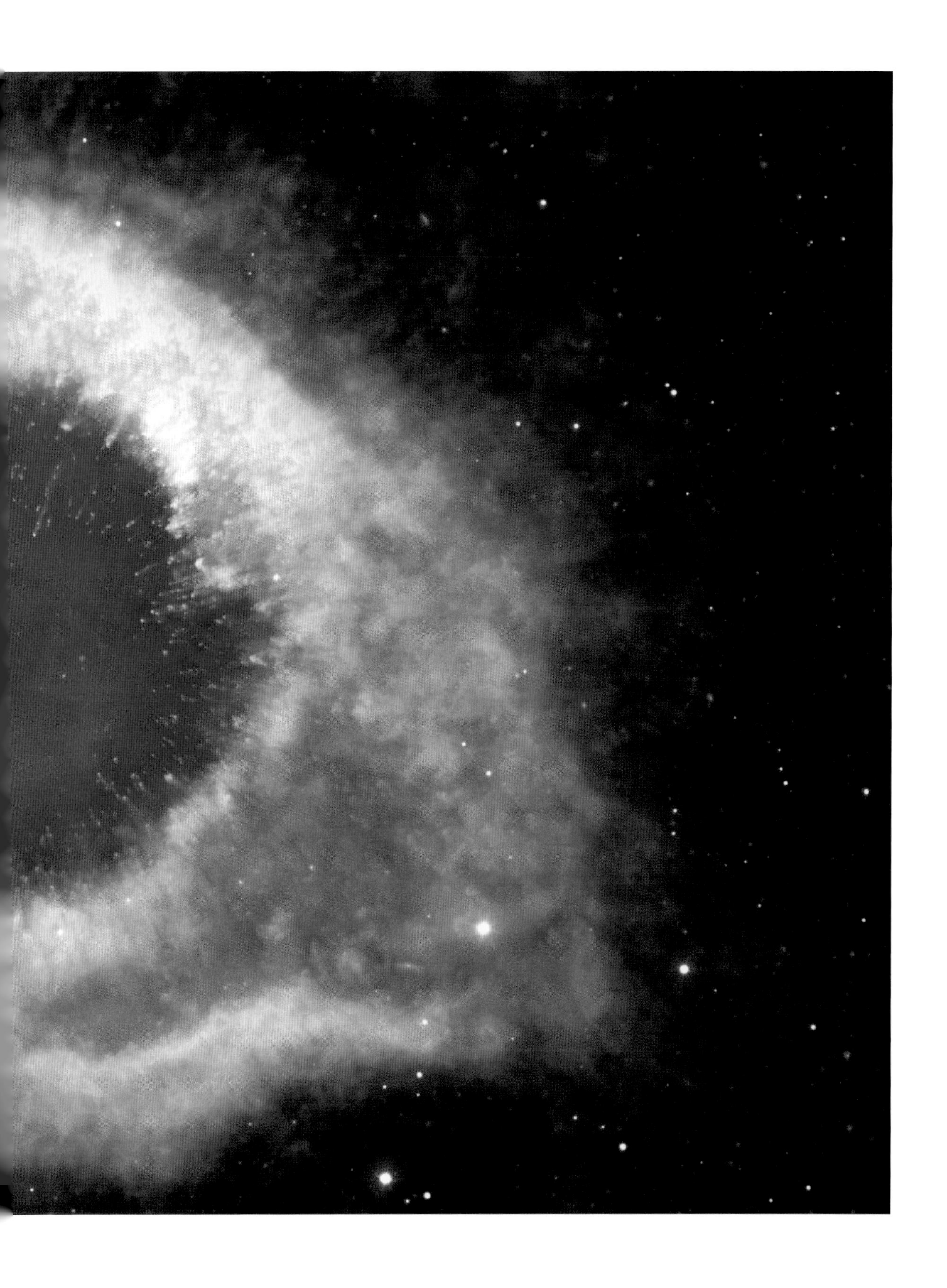

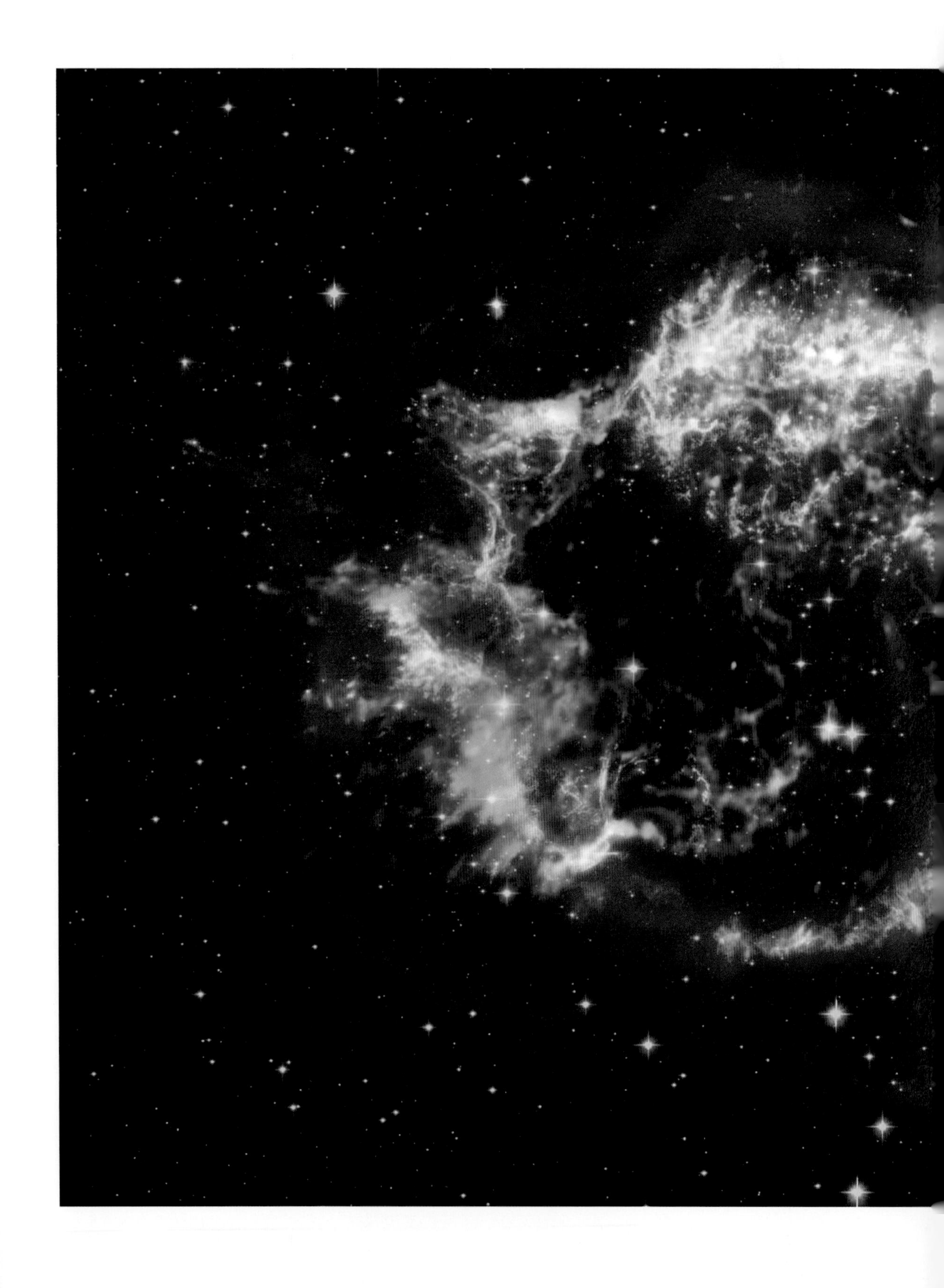

超新星遗迹（Supernova Remnant）

如果说行星状星云来自恒星“缓慢”的死亡过程，那么超新星遗迹则是恒星“剧烈”毁灭后的产物。超新星爆发时抛出的物质在向外高速膨胀的过程中，会与星际介质相互作用而形成云状或壳状的延展天体。超新星遗迹也是发射星云。我们最熟悉的超新星遗迹是蟹状星云，它对应的超新星是“天关客星”，这是1054年由我国北宋钦天监官员记载的一颗爆发的超新星。“天关客星”当时的亮度是金星的6倍，连续23天白天可见，现在这个星云的中央有一颗中子星在不停地向地球发射电磁脉冲。

仙后座A超新星遗迹

仙后座A是银河系内已知的最年轻的超新星遗迹，也是天空中除太阳外最强的射电源。距今300多年前，它发生了超新星爆炸。美国国家航空航天局钱德拉X射线天文望远镜在1999年首次观测到仙后座A核心爆发形成的超新星遗迹。

图片来源：NASA

第谷超新星遗迹

第谷超新星，又名“SN 1572”、“仙后座B”，它是一颗位于仙后座的超新星，也是少数能以肉眼看见的超新星之一。它于1572年11月11日由丹麦天文学家第谷·布拉赫首度观测，当时它比金星还要亮，随着亮度转暗，至两年后的1574年3月，它已经无法再以肉眼看到。

图片来源：NASA

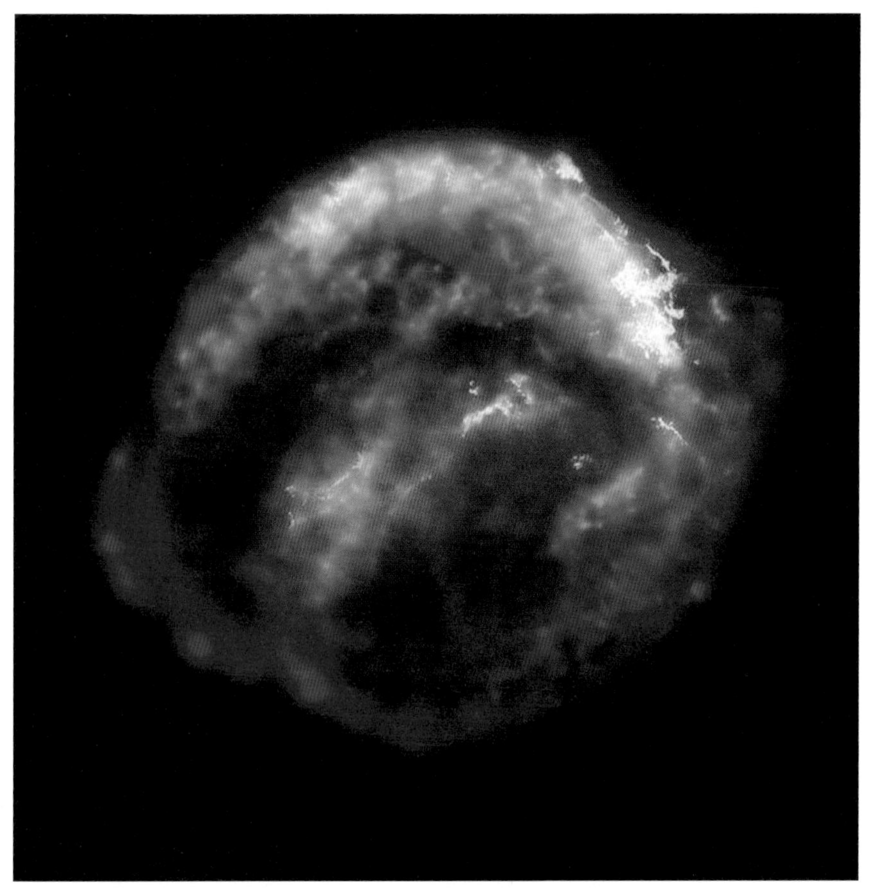

开普勒超新星

开普勒超新星是以德国天文学家开普勒的名字命名的。它也是400年来最后一颗只靠肉眼就可以观测到的超新星。开普勒超新星距离地球大约2万光年，是银河系内最近超新星发生爆炸的代表。

图片来源：NASA

← 船尾座A超新星遗迹

船尾座A是一颗直径大约10光年的超新星遗迹，这颗超新星大约出现在3 700年前。虽然它与船帆座超新星遗迹重叠在一起，但前者的距离远了4倍。在这个超新星遗迹内发现了一颗名为“宇宙炮弹”的超高速中子星，它移动的速度约为480万千米/时。

图片来源：NASA

银河中的恒星

根据目前的天文观测和推算，银河系中大约有2000亿颗恒星。太阳只是其中毫不起眼的一颗。

恒星（Star）

恒星是由一大团自身发光的炽热气体所构成的天体。由于恒星距离地球较远，恒星之间的相对位置似乎没有变化，因而古人称之为“恒”星，即固定不动的星。一般来说，恒星都是气体星球，没有固态表面，通过自

身引力聚集而成。它区别于行星的一个重要性质是它自己能够发光。

天气晴好的晚上，夜幕中总镶嵌着无数的光点，这其中除了少数行星外，绝大多数都是恒星。

太阳是离地球最近的恒星，而夜晚我们能看到的恒星，几乎都处于银河系内。

视星等（Apparent Magnitude）

仔细观察夜空，你会发现北斗七星并不是天空中最亮的恒星，有的恒星比它们明亮，还有许多则相对暗淡。公元前2世纪，古希腊天文学家喜帕恰斯萌生了一个想法，即根据亮度对恒星进行分类。

喜帕恰斯将恒星划分为6类，最亮的恒星为1等，最暗的为6等，其他的分布其间。这种分类方式沿用至今。

相差1等代表亮度大约相差2.5倍。因此，一颗1等星比一颗2等星亮2.5倍，比3等星亮6倍左右，比4等星亮16倍左右，比5等星亮40倍左右，比在极为晴朗的夜晚肉眼可见的6等星亮100倍左右。

但是，没有一个系统是完美的。喜帕恰斯指定的一些1等星太亮了，现在它们被归为0等星，那些更亮的星则被归为−1等星，以此类推。星等系统就像一个上下颠倒的温度计，其中最暗的星为30等，这是哈勃空间望远镜所能探测到的最暗的天体。

一颗6等星比一颗30等星亮40亿倍；而太阳的亮度为−27等，比6等星亮16万亿倍。夜空中最亮的恒星是天狼星，该星为−1等。

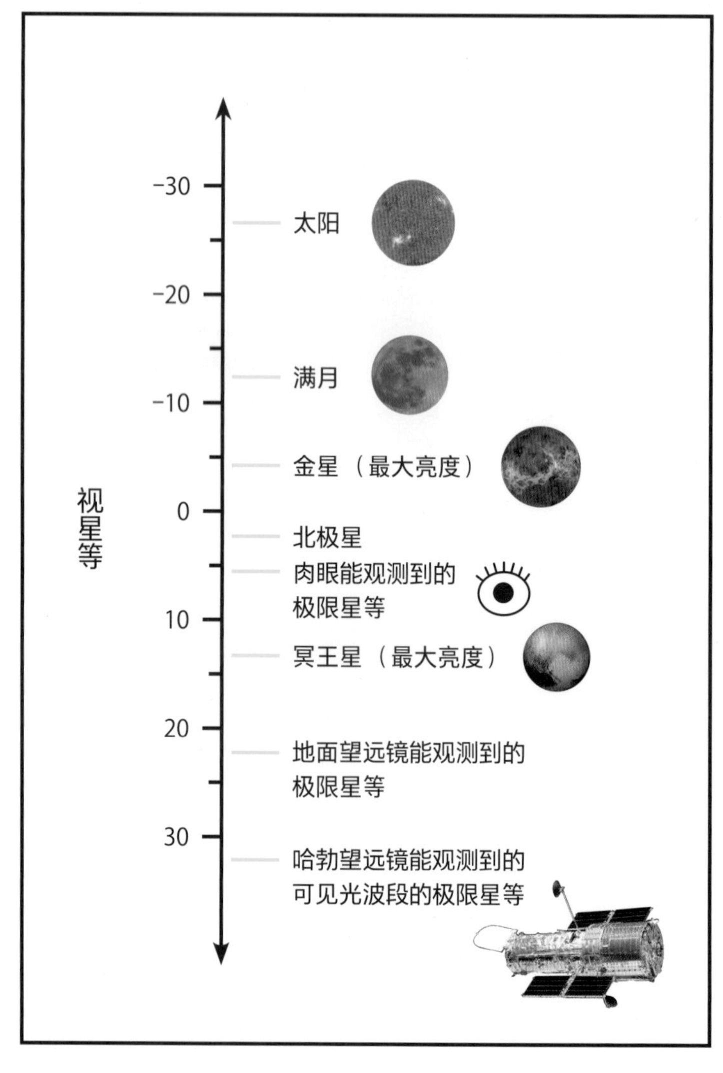

璀璨的星空

星星的颜色

如果你仔细看看夜空中的星星，除了会发现它们的亮度不同以外，还会发现星星是有不同颜色的，大角星是黄色的，心宿二是红色的，织女星是白色的，星星为什么会有不同的颜色呢？

颜色背后的信息是温度。我们知道了恒星的颜色，就相当于知道了恒星的表面温度，也就是说，一种颜色对应一个温度。日常生活中，我们都有这样的经验：如果你持续加热一块铁，就会把它烧红；如果继续加热，铁块就会变成黄白色；再继续加热，铁块会化成铁水，当温度达到上万摄氏度时，铁水会变成白色，甚至蓝色。因此，钢铁厂里有经验的工人师傅可以根据颜色来估计铁水的温度。这种颜色由暖色变冷色的过程，就是温度由低到高的过程。同样的道理，红色的星温度是最低的，只有2 000～3 000 ℃，黄色的星有5 000～6 000 ℃，白色的星的温度更高一些，而蓝色的星的温度最高。

恒星光谱主要取决于恒星的物理性质和化学组成。因此，恒星光谱类型的差异反映了恒星性质的差异。恒星光谱分为7个类别，分别是O型、B型、A型、F型、G型、K型和M型。

O型：蓝星，有效温度为25 000～40 000 ℃

B型：蓝白星，有效温度为12 000～25 000 ℃。

A型：白星，有效温度为7 700～11 500 ℃。

F型：黄白星，有效温度为6 100～7 600 ℃。

G型：黄星，有效温度为5 000～6 000 ℃。

K型：红橙星，有效温度为3 700～4 900 ℃。

M型：红星，有效温度为2 600～3 600 ℃。

恒星光谱类型

赫罗图（Hertzsprung–Russell Diagram）

赫罗图是恒星的光谱类型与光度之间的关系图，其纵轴是光度与绝对星等，而横轴则是光谱类型及恒星的表面温度，从左向右递减。

从赫罗图上可以看出，恒星主要集中在4个区域。

第一个区域为主序带：银河系中90%以上的恒星分布在从左上到右下的这一条带上。这条带上的恒星，有效温度愈高，光度就愈大。这些星被称为主序星。

第二个区域在主序带右上方：这些恒星的温度和某些主序星的一样，但光度却高得多，因此被称为巨星或超巨星。

第三个区域在主序带左下方：这是一些温度高而光度低的白矮星，以及其他低光度恒星。

第四个区域位于赫罗图上最右侧的位置：温度非常冰冷的星际云在最右边，随着星际云收缩，它会变得越来越热，在赫罗图上的位置亦会向左移动。由星际云形成的原恒星也在赫罗图的右边。

赫罗图可显示恒星的演化过程。形成恒星的分子云位于图中最右的区域，

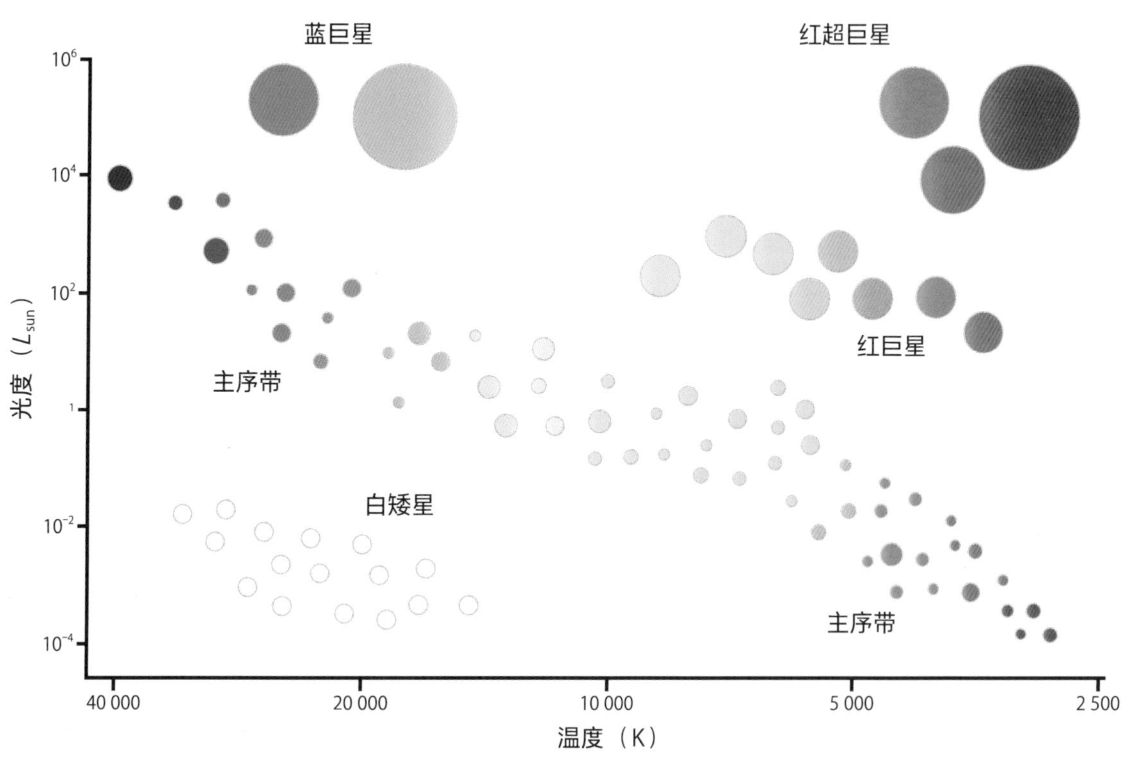

赫罗图

但随着分子云开始收缩，其温度开始上升，会慢慢移向主序带。恒星临终时会离开主序带，中小质量的恒星会形成红巨星及红超巨星，最终变成白矮星。

质量大于8倍太阳质量的恒星，在走向生命的尽头时会发生超新星爆发。超新星爆发会瞬间释放出巨大的能量。一颗超新星爆发瞬间发出的光芒可以把整个星系都照亮。之后，其核心会继续坍缩，直到把电子压到原子核里面，电子和质子结合变成了中子。这就是中子星，上面没有原子，全是中子。它的密度非常非常大，中子星上一块方糖大小的物质的质量就相当于一艘航空母舰的质量。物理学家钱德拉塞卡计算过，只要剩下的核心超过1.44倍太阳质量，那么它必然会变成中子星。这个极限也叫作“钱德拉塞卡极限”。而根据物理学家奥本海默的计算，若最后这个核心的质量大于3倍太阳质量，将会变成黑洞。

超新星遗迹与中子星

超新星爆发是某些恒星在演化接近末期时经历的一种剧烈爆炸。这种爆炸发出的光芒都极其明亮，过程中所突发的电磁辐射经常能够照亮其所在的整个星系，并可持续几周至几个月才会逐渐衰减变得不可见。在这段时间内，一颗超新星所辐射的能量可以与太阳在其一生中辐射能量的总和相当。恒星通过爆炸会将其大部分甚至几乎所有物质以高至十分之一光速的速度向外抛散，并向周围的星际物质辐射激波。这种激波会形成一个膨胀的气体和尘埃构成的壳状结构，这被称作超新星遗迹。超新星爆炸之后，核心剩下的就是中子星或者黑洞。图片中的是中子星。

图片来源：NASA

恒星演变过程

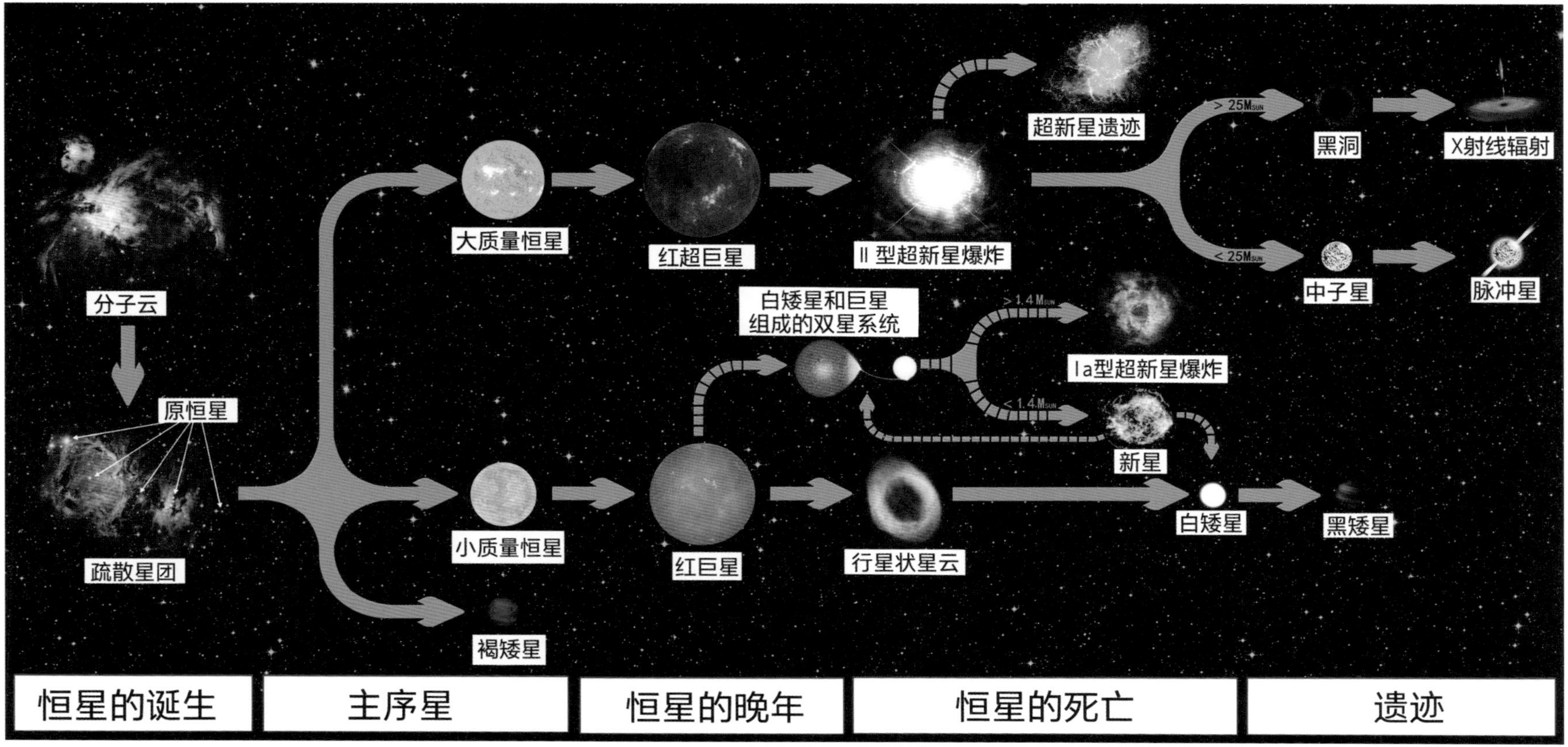

分子云
原恒星
疏散星团
大质量恒星
小质量恒星
褐矮星
红超巨星
红巨星
白矮星和巨星
组成的双星系统
行星状星云
Ⅱ 型超新星爆炸
超新星遗迹
> 1.4 M_{SUN}
< 1.4 M_{SUN}
Ⅰa型超新星爆炸
新星
白矮星
> 25 M_{SUN}
< 25 M_{SUN}
黑洞
中子星
X射线辐射
脉冲星
黑矮星
恒星的诞生
主序星
恒星的晚年
恒星的死亡
遗迹

行星（Planet）

除了地球，太阳系中还有7颗大行星，其中肉眼可见的是水星、金星、火星、木星和土星，天王星和海王星则需要借助天文望远镜才能看到。所以本书只介绍肉眼能看到的五大行星。

水星（Mercury）

距离太阳	公转周期	直径	表面重力加速度	自转周期	天然卫星
5 790万km	88地球日	4 875 km	0.38 g	59地球日	0个

我们很少看到水星，因为它的轨道十分靠近太阳，每年水星能被观测到的时间只有几周。在观测者眼中，水星就像一颗黄色的0等星，悬挂于日落后的暮色中或者日出前的霞光中。

水星是离太阳最近的行星。水星的表面很像月球，上面满布着环形山、大平原、盆地，还有令人胆寒的悬崖峭壁。水星表面几乎没有大气层，太阳辐射非常强烈，其表面温度在白天为420 ℃，在夜间则为零下173 ℃。

我们知道，有一种天文现象叫作“水星逆行”。水星逆行并非水星的实际运行方向反向，而是由于水星运行轨道与地球自转带来的黄道角度差而产生的视觉上的轨迹改变。

水星

太阳和水星的角距离为30度，在中国古代，有30度为一“辰”的说法，所以它被称为“辰星”。只有在日食和水星凌日的时候，我们才有机会见到水星，大部分时候，它都隐藏在太阳的光辉里。

图片来源：NASA

金星（Venus）

距离太阳	公转周期	直径	表面重力加速度	自转周期	天然卫星
1.082亿km	224.7地球日	12 104 km	0.9 g	243地球日	0个

金星是天空中最闪亮的宝石。它是距离太阳第二近的行星，同时也是距离地球最近的行星。最亮的时候，金星的亮度可达–4等。金星的颜色是耀眼的白色，一年中金星会有几个月的时间出现在清晨或傍晚的天空中。由于金星的轨道跟水星一样位于太阳和地球之间，因此它的活动范围被限制在了太阳的两侧，我们只能在日落后或者日出前4个小时看见它。它在古代被称为启明星、长庚星或者太白金星。

金星周围有浓密的大气和云层，在金星的大气中，二氧化碳占97%以上，因而金星上时常会降落大量具有腐蚀性的酸雨。金星表面温度高达465～485 ℃。

金星上火山密布，它是太阳系中拥有火山数量最多的行星。

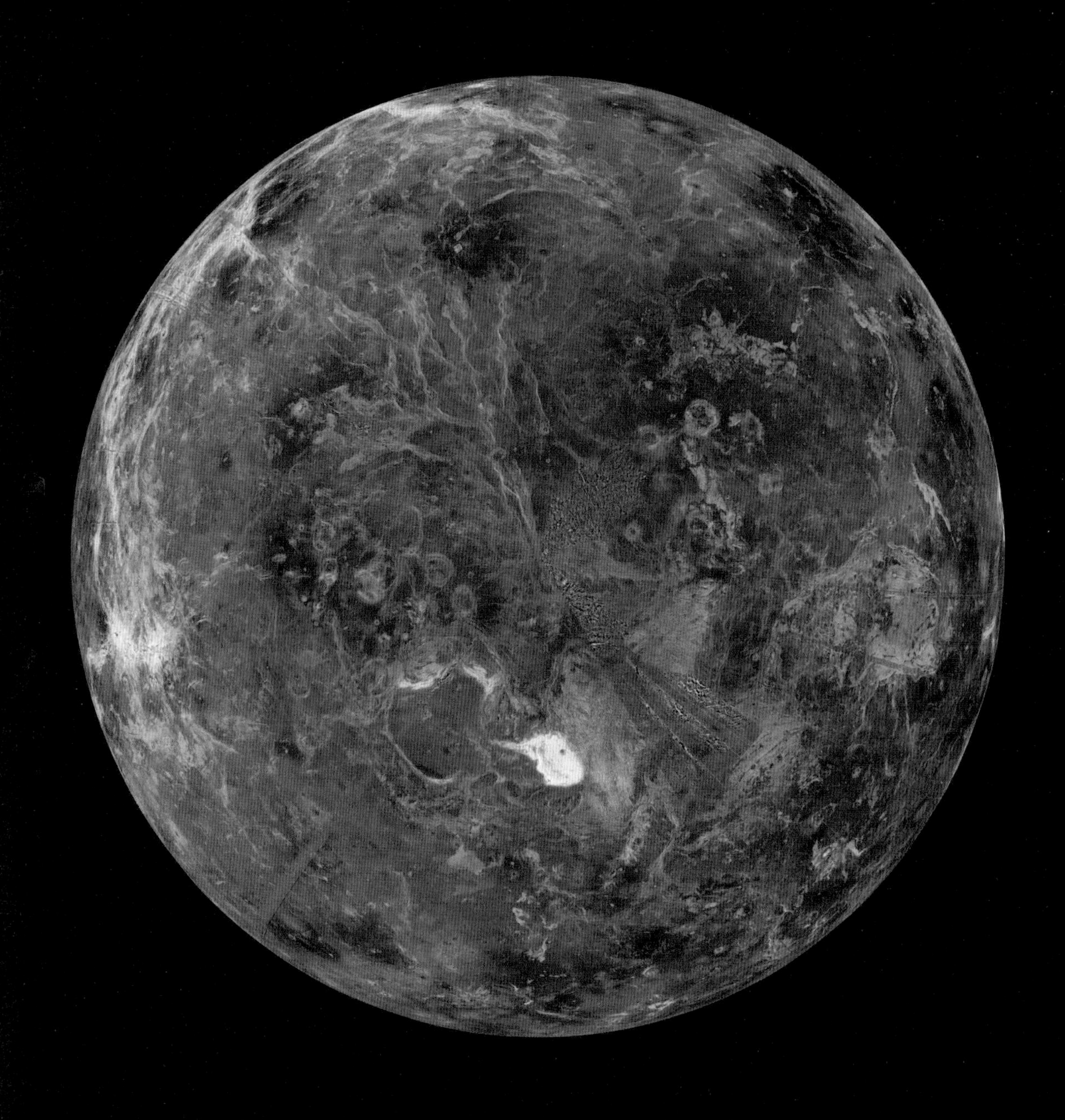

金星

在地球上，由板块运动引发的火山活动使地心的热量不断地从板块边缘释放出来，但是金星内部的能量却无法通过这样的途径释放。因此每隔10亿年左右，这个行星会产生“沸溢”现象，这是一段火山活动高度频繁的时期，会抹去绝大部分先前的地貌特征。

图片来源：NASA

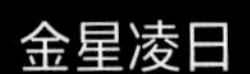

金星凌日

金星轨道在地球轨道内侧，某些特殊时刻，地球、金星、太阳会在一条直线上，这时从地球上可以看到金星就像一个小黑点一样在太阳表面缓慢移动，天文学上称之为“金星凌日”。

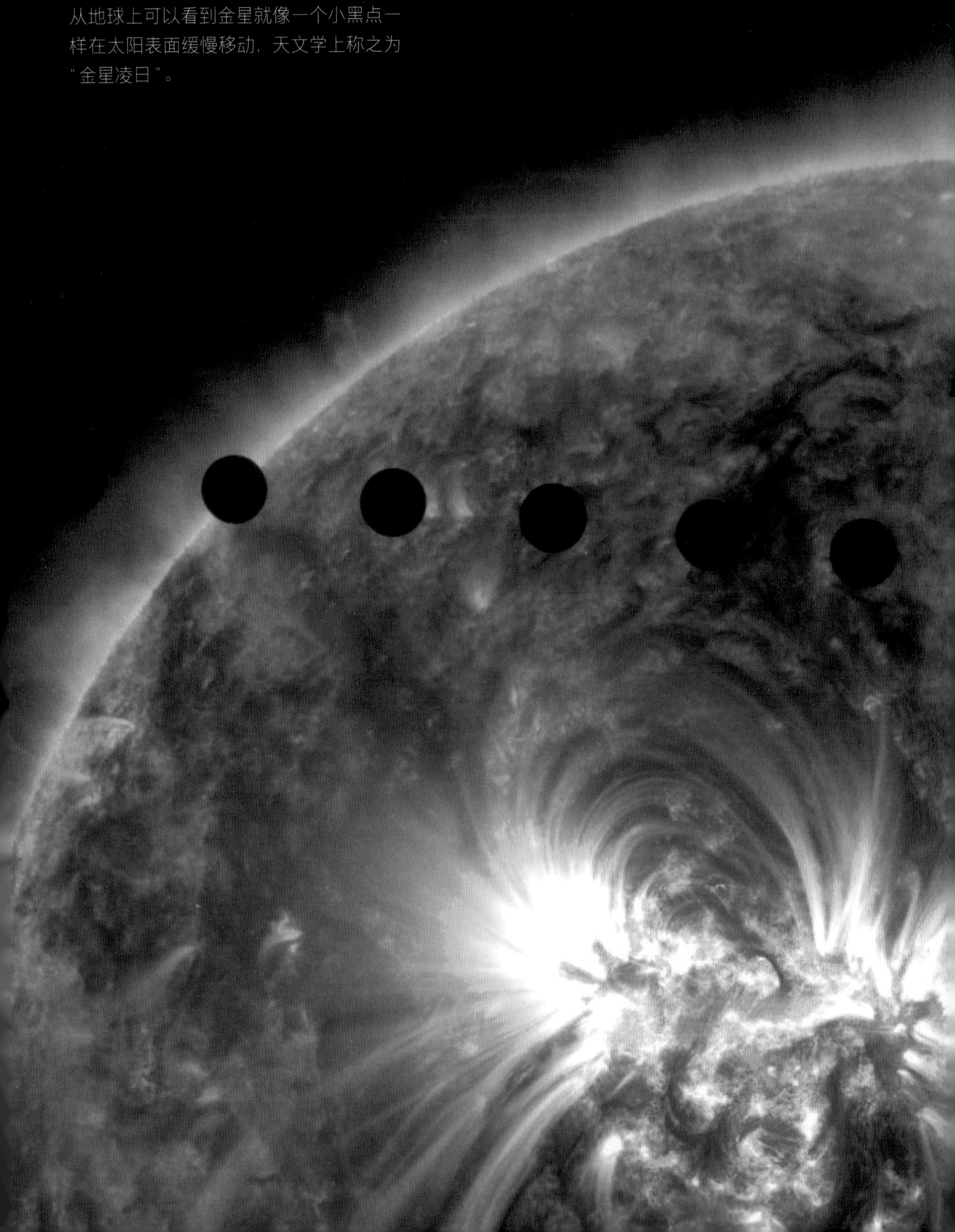

火星（Mars）

距离太阳	公转周期	直径	表面重力加速度	自转周期	天然卫星
2.279亿km	687地球日	6 780 km	0.38 g	24.63 h	2个

火星在中国古代被称作“荧惑”，这是因为在古人看来，这颗荧荧如火的星星的位置及亮度时常变动，让人无法捉摸。在西方，人们用古罗马神话中的战神玛尔斯（Mars）的名字命名这颗红色的星球。火星是太阳系中与地球非常相似的一颗行星。火星表面沙丘、砾石遍布，没有稳定的液态水体，大气层非常稀薄，而且其中大约96%是二氧化碳气体。

火星上时常会发生全球性沙尘暴，沙尘有时能遮挡行星表面数周，这是因为火星表面引力大约只有地球引力的38%，所以沙粒极易被吹起，而且极难重新落回地面。

跟其他系内行星相比，火星亮度的变化要大得多，这是因为火星到地球的距离变化很大，为0.4～1.6天文单位。

当火星、地球和太阳在一条直线上，地球位于太阳与火星之间时，火星距离地球最近，此时火星的最大亮度为-3等，在天文学上叫作“火星冲日”。

火星

火星表面有太阳系最大最长的峡谷——水手峡谷，长约4 000千米、深达7千米，横跨大半个火星。

图片来源：NASA

为什么把这种天象说成“冲日”呢？这其实是一种区分方式。太阳系中有八大行星，以太阳为中心，分别是水星、金星、地球、火星、木星、土星、天王星、海王星，地球排在第三层。我们把地球以外的行星叫作“地外行星”，把地球以内的行星叫作“地内行星”。当地外行星和太阳与地球运行成一条直线时，我们就叫它“冲”，而当地内行星和太阳与地球运行到一条直线上时，我们就叫它“凌”。比如前面讲的“金星凌日”，指的就是金星运行到太阳与地球之间成为一条直线时的天象。当然，还有“水星凌日”。

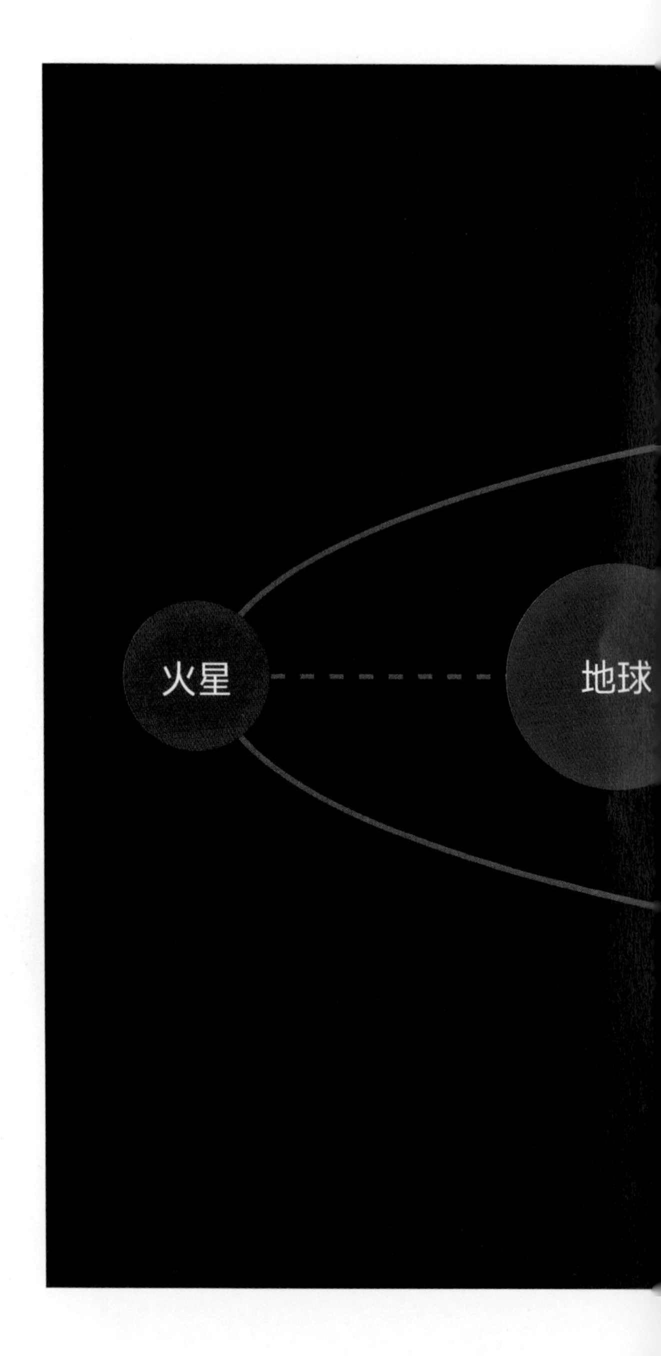

火星在夜空中是非常醒目的存在。火星呈橙红色，这是因为在火星表面广泛分布着氧化铁沙漠。而这些微红的沙漠反射阳光，使得火星在夜空中闪着铁锈色的光芒。

火星是一颗较小的行星，体积只有地球的一半大。即便在离地球最近的距离上看，火星也只比土星稍大一点，而比木星小很多。当火星和地球在各自轨道的相对侧时，火星的视大小会收缩到天王星那么大，因此，在望远镜视场中，火星就成了一个苍白的亮点。

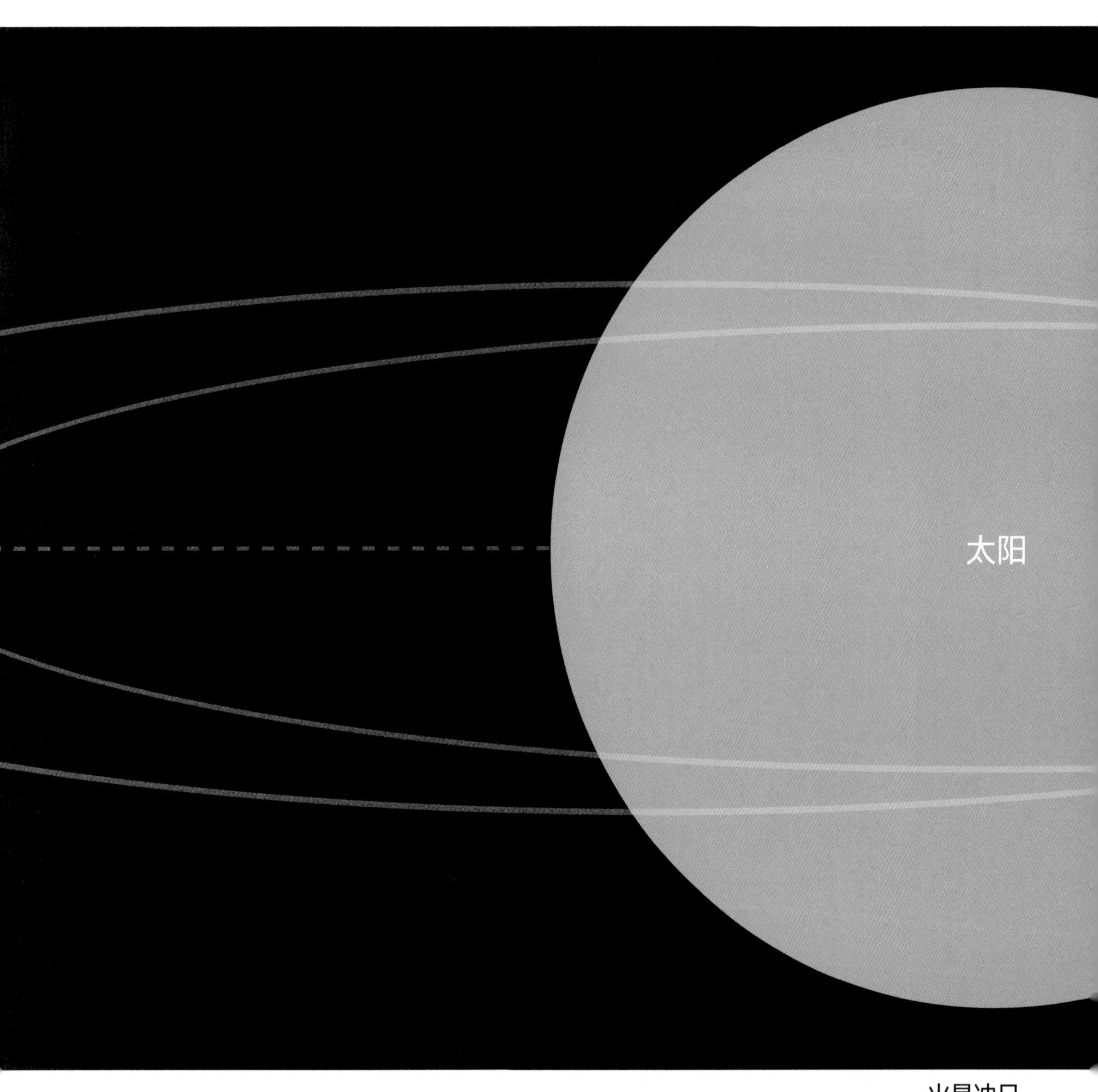

火星冲日

火星冲日指的是太阳、地球、火星在一条直线上，且地球位于太阳和火星之间。此时，太阳和火星分别位于地球的两侧，也就是说太阳下山时，火星会从东方升起，而太阳一升起，火星就从西方落下。所以一整个夜晚都可以看到火星。

木星（Jupiter）

距离太阳	公转周期	直径	表面重力加速度	自转周期	天然卫星
7.783亿km	11.86地球年	142 984 km	2.53 g	9.93 h	超过79个

木星是太阳系中最大的行星，人类对木星的观测历史悠久。

木星是一颗气态巨行星，它的质量是地球的318倍，而体积则是地球的1 321倍。木星赤道上可容纳11个地球。如果地球像葡萄那么大，那么木星就是篮球那么大。

木星的亮度变化在−2～−3等，除了金星外，它比任何行星和恒星都亮。木星发出的光接近白色，且非常稳定，不会被弄混。和火星、土星一样，木星的轨道在地球轨道之外，因此沿着黄道带观测，我们有时可以整夜看到它。木星会在每个黄道星座中停留约一年的时间，绕太阳一周大约需要12个地球年，正好与十二生肖对应，因此木星也叫岁星。

双筒望远镜就足以满足观测木星系统的需要。你可以用双筒望远镜观测到木星四大卫星的运动，它们的公转周期各不相同，例如木卫一（在4颗卫星中距离木星最近）为2天，木卫四为17天左右。以木星为中心，依次为木卫一、木卫二、木卫三、木卫四。其中木卫三体积最大，亮度为4.6等。

木星

大红斑是木星上最著名、寿命最长的风暴。人类对其确切的观测记录始于1830年，而最早的记录可以追溯至1655年。大红斑的直径大到可以容得下2至3个地球。

图片来源：NASA

土星（Saturn）

距离太阳	公转周期	直径	表面重力加速度	自转周期	天然卫星
14.3亿km	29.46地球年	120 536 km	1.07 g	10.66 h	超过82个

土星也是气态巨行星，主要由氢组成，此外还有少量的氦与微量元素。在土星大气环境里，氢气和氦气因为压力而变成液态核。在土星更深处，氢气的分子结构被巨大的压力破坏，从而变成液态的金属氢。土星的内部核心是岩石和冰。

土星上的风速高达每小时1 800千米，比木星上的风速更快。

土星是八大行星中最容易被误认为恒星的星球，因为土星的亮度与轩辕十四、心宿二等恒星相当，但又不像木星和金星那么明亮。土星的颜色并不像火星那样显眼，它看起来像一个苍白的黄球。土星绕太阳一周需要29.46地球年，因此会在每个黄道星座停留至少2年，所以中国古人把土星叫作“镇星”，意为镇守二十八星宿。

土星是望远镜可见的所有天体中最美丽的天体。没有人会忘记第一次用望远镜看到土星时的情景：那是一颗漂亮的小圆球，漂浮在天鹅绒般的视野中，精致的光环环绕着它。虽然土星距离地球超过了10亿千米，但就算是借助最小的望远镜，你也能看到土星的光环，在高质量的中型望远镜中，土星美丽至极。

土星的光环占据了相当大的空间，从外边缘到内边缘，其长度相当于地月距离的三分之二。土星的光环由无数围绕着土星的冰块和岩石组成，其中每块都有自己的轨道，公转周期从内边缘的4小时到外边缘的14小时不等。在密度最高的地方，有的碎片小如沙粒，有的大如房屋，这些碎片会在土星周围形成耀眼的风暴。

从远处看去，土星环就像是固态的薄片，厚度不足1千米，在引力的作用下正好位于土星赤道上空。因为土星的光环比其他云的反光能力更强，所以也就显得更亮。由于亮度不同和存在缝隙，土星环又被明显地分为几个环，其中最亮的两个环在天文望远镜中清晰可见。

土星

土星环是太阳系行星的行星环中最突出与最明显的一个，环中有不计其数的小颗粒，其大小从微米级到米级都有，轨道成丛集绕着土星运转。环中的颗粒主要成分是水冰，还有一些尘埃和其他的化学物质。

图片来源：NASA

由于地球大气湍流的影响，即使是在最平静的夜晚，恒星看上去还是会不停闪烁。地球大气中无处不在的湍流很容易扰动恒星的点状图案，使其闪烁。但是如果我们盯着行星，就会发现行星是不闪烁的。这是因为从我们的角度看来，行星并不是点状的，而是呈微小的圆盘状——小到肉眼都无法分辨，却大到足以让它们的光基本不受大气湍流的影响。

夜空中的行星

图片来源：Wikimedia Commons

寻找行星最好的办法就是知道它们与星座的相对位置，或者知道何时向何方看。

肉眼是看不到天王星、海王星以及冥王星的。在后面的内容中，我们将认识夜空中典型的星座，这有助于你辨识行星。

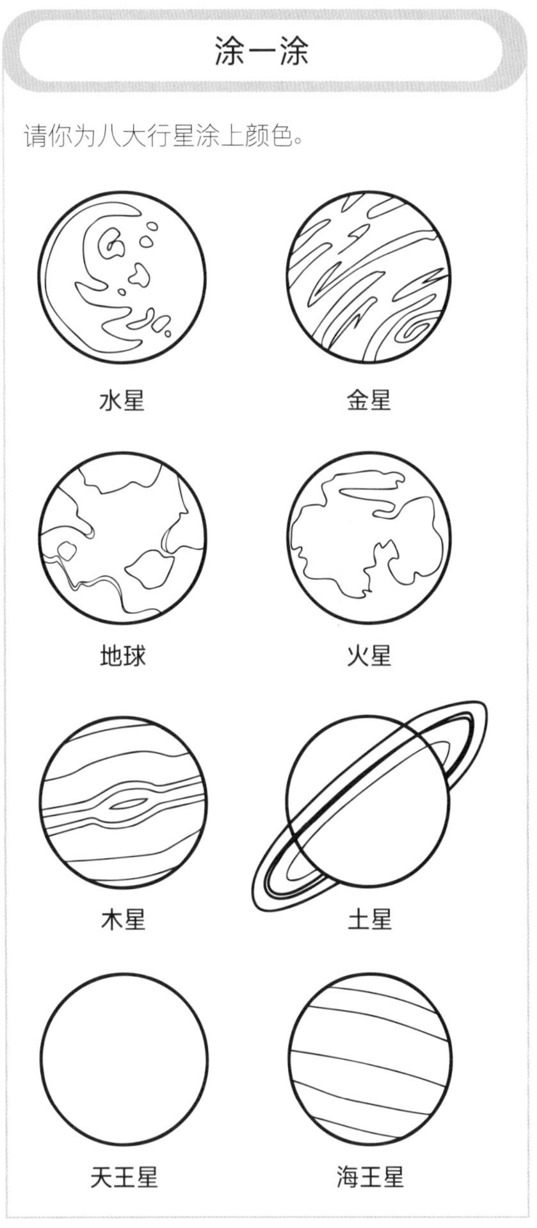

彗星（Comet）

彗星是夜空中迷人的存在。彗星没有固定的体积，远离太阳时，它的体积很小；接近太阳时，彗发变得越来越大，彗尾变长，它的体积会变得十分巨大。彗尾最长可达2亿多千米。彗星的质量非常小，彗核的平均密度为每立方厘米1克。彗发和彗尾的物质极为稀薄，其质量只占总质量的1%～5%，甚至更小。彗星主要由水、氨、甲烷、氰、氮、二氧化碳等组成，而彗核则由水冰、二氧化碳（干冰）、氨和尘埃微粒混杂组成，是个“脏雪球”！

今天，有数十亿颗彗星存在于海王星和冥王星轨道之外冰冷的柯伊伯带和奥尔特云中。它们沿着巨大的轨道绕太阳转动，绕一圈需要几百年甚至数千年的时间。

随着接近太阳，彗星在阳光的照射下开始蒸发。在真空中，气体会形成一片数倍于地球的巨大气体和尘埃云。太阳光压以及太阳风中不断向外

彗星NEOWISE

图片来源：NASA

流动的电子和质子会把这些气体和尘埃云向后推，于是就形成了彗尾——确切地说是两条彗尾：一条黄色的尘埃尾和一条蓝色的离子尾。

在彗星的两条彗尾中，尘埃尾一般比较亮。彗核里主要是掺杂着灰尘的冰。随着彗星离太阳越来越近，彗核的外层蒸发，尘埃和气体被一起释放出来。就像暗室里的灰尘在阳光下更容易被看见一样，彗尾在夜空中也十分明亮。

彗星

图片来源：Pexels　图片版权：Adam Krypel

2020年7月17日晚上看到的NEOWISE彗星

图片来源：NASA

流星雨（Meteor Shower）

有些彗星会穿过地球轨道，它们的彗尾就会留下大量的尘埃颗粒。当地球运行到这个区域时，大量尘埃颗粒与地球相撞，较大的物质会在地球大气中燃烧，形成流星雨，细小的物质则会以每天几吨的量缓缓地落在地球上。

由于尘埃颗粒在地球轨道上的位置是不变的，所以流星雨每年都会周期性地出现。人们根据辐射点（即所有流星轨迹反向延长线的交点）所在的星座对其进行命名，例如，英仙座流星雨的名称就是来自辐射点位于英仙座方向。

火流星多出现于流星雨中，是一种偶发流星，通常火流星的亮度非常高，而且会像条闪闪发光的巨大火龙一样划过天际。有的火流星会发出“沙沙”的响声，有的会发出爆炸声，还有极少数亮度非常高的火流星在白天也能被看到。火流星的出现是因为它的流星体质量较大（质量大于几百克），进入地球大气后，来不及在高空燃尽，而继续闯入稠密的低层大气，以极高的速度和地球大气剧烈摩擦，产生耀眼的光亮。火流星消失后，在它穿过的路径上会留下云雾状的长带，称为“流星余迹”。有些余迹消失得很快，有些则可存在几秒钟到几分钟，甚至长达几十分钟。

陨石坑

图片来源：Pexels　　图片版权：Kelly L

大多数流星体在进入大气层时都会瓦解，估计每年仍有500颗左右小至弹珠大至篮球的陨石落在地面上。但是通常每年只有5至10颗流星会被发现坠落，并被科学家得知和寻获。少数的陨石体积够大，可以创造出巨大的撞击坑；而其他的陨石则因为不够大，坠地时都已经达到终端速度，最多只能创造出一个小坑洞。

彗星NEOWISE

2020年7月出现的彗星NEOWISE

图片来源：NASA

人造卫星（Artificial Object）

在观测星空时，你可能发现有一颗星星在动。你以为那是飞机，却发现它并没有闪烁的灯光；你以为那是流星，但它并没有燃烧和消失。其实你看到的那颗明亮且快速移动的“星星”，很可能是人造卫星。

人造卫星其实是不会发光的，但是它的金属外壳和太阳能电池板都是很好的反射面，能反射强烈的太阳光。大多数情况下，人造卫星的视星等都不会高于+2等，并且距离较近的人造天体移动速度都非常快，其反射的光能被我们观察到的时间普遍都非常短，即便是国际空间站这样的庞然大物，往往也只能被我们持续观测到几分钟而已。

搜寻人造卫星的最佳时机是春季和夏季夜幕降临后的第一个小时（秋季和冬季人造卫星的可见性会下降）。在这一个小时中，细心的观测者应该可以看见至少10颗人造卫星，随后数

铱星卫星

图片来源：Wikimedia Commons

量会减少，在半夜降到最低水平。

肉眼容易看见的卫星通常有一辆货车那么大，在300～500千米的高度以每小时28 000千米的速度运动，在两三分钟内就能穿越天空。这些人造卫星由于飞行速度较快，其反射面与地球之间的角度也会快速变化，亮度可能会在几秒钟内猛增。例如铱星卫星，论个头仅和小汽车大小相当，但它最大的特点在于，它始终将三面金属抛光的、门板一样的大天线对准地面，其反射率非常高，阳光经过它们反射到地面的时候，我们能看到极为明亮的闪光，在几秒钟之内，它的亮度就会达到-7等甚至-8等，这样的亮度几乎可以和月亮媲美。但是，铱星卫星的反光面非常集中，几秒钟后，就会迅速变暗，所以，从看到铱星卫星出现到消失的过程，可能不过十几秒，如流星一般转瞬即逝。

国际空间站（International Space Station，简称ISS）是目前世界上最大

国际空间站

图片来源：NASA

的在轨运行空间平台。国际空间站由16个国家共同建造、维护和使用，于1998年始建，2010年进入全面使用阶段。国际空间站的轨道距离地面约400千米，它本身长约73米，宽约110米，总质量达到了400吨。国际空间站本身，以及它的众多太阳能电池板都可以反光，视星等最高可以达到-2.6等。

地球上观测国际空间站的最佳时间是天黑不久和黎明之前。因为国际空间站本身并不发光，所以必须通过反射太阳光才能被我们看见。正因为如此，如果我们想要看到国际空间站，就需要在光线相对不那么强烈的黎明和傍晚。

人造天体为了自给自足，都会配备一块很大的太阳能电池板，在地面进入黑夜的时候，太空可能还是白天，这个时候，如果太阳电池板的位置足够好的话，就会反射太阳光，我们在地球上即使用肉眼也能看见它们。其实不止是国际空间站，就算是一般的卫星展开太阳板时，也有可能把太阳光反射到地面，如果角度合适，地面的人就能看到一颗快速移动的“星星”。

国际空间站拍摄的美丽极光

图片来源：Pixabay

第3章

四季星空

FOUR SEASONS STARRY NIGHT

春季星座

在夜空下，我们除了能享受宁静的夜晚，还能认识恒星和星座。接下来我们从春季星座开始，逐步认识夜空中典型的星座。

在整个春季，北斗七星几乎都位于我们的头顶，它是星空中一个精确的路标，可以帮助我们找到主要的恒星以及星群。

北斗七星其实并不是一个星座，而是大熊座中最亮的部分。19世纪的美国天文爱好者将它们称为“长柄勺”。在英国，它们被称为“耕犁”。在中国，古人把这七星联系起来，想象成舀酒的斗，故称它们为“北斗”。

北斗七星在不同的季节夜晚不同的时间，出现于天空不同的方位，因此中国古人就根据初昏时斗柄所指的方向来确定季节：斗柄东指，天下皆春；斗柄南指，天下皆夏；斗柄西指，天下皆秋；斗柄北指，天下皆冬。（《鹖冠子·环流》）

北斗七星

图片来源：Pexels

开阳双星（Mizat）

北斗七星由天枢、天璇、天玑、天权、玉衡、开阳、摇光七颗星组成。北斗七星是属于紫微垣的一个星官。《晋书·天文志》记载："枢为天，璇为地，玑为人，权为时，衡为音，开阳为律，摇光为星。"在七颗星中，玉衡最亮，亮度几乎接近1等星。天权最暗，是一颗3等星，其他五颗都是2等星。

仔细观察星空，你会发现有些星星在天空中看上去距离非常接近，它

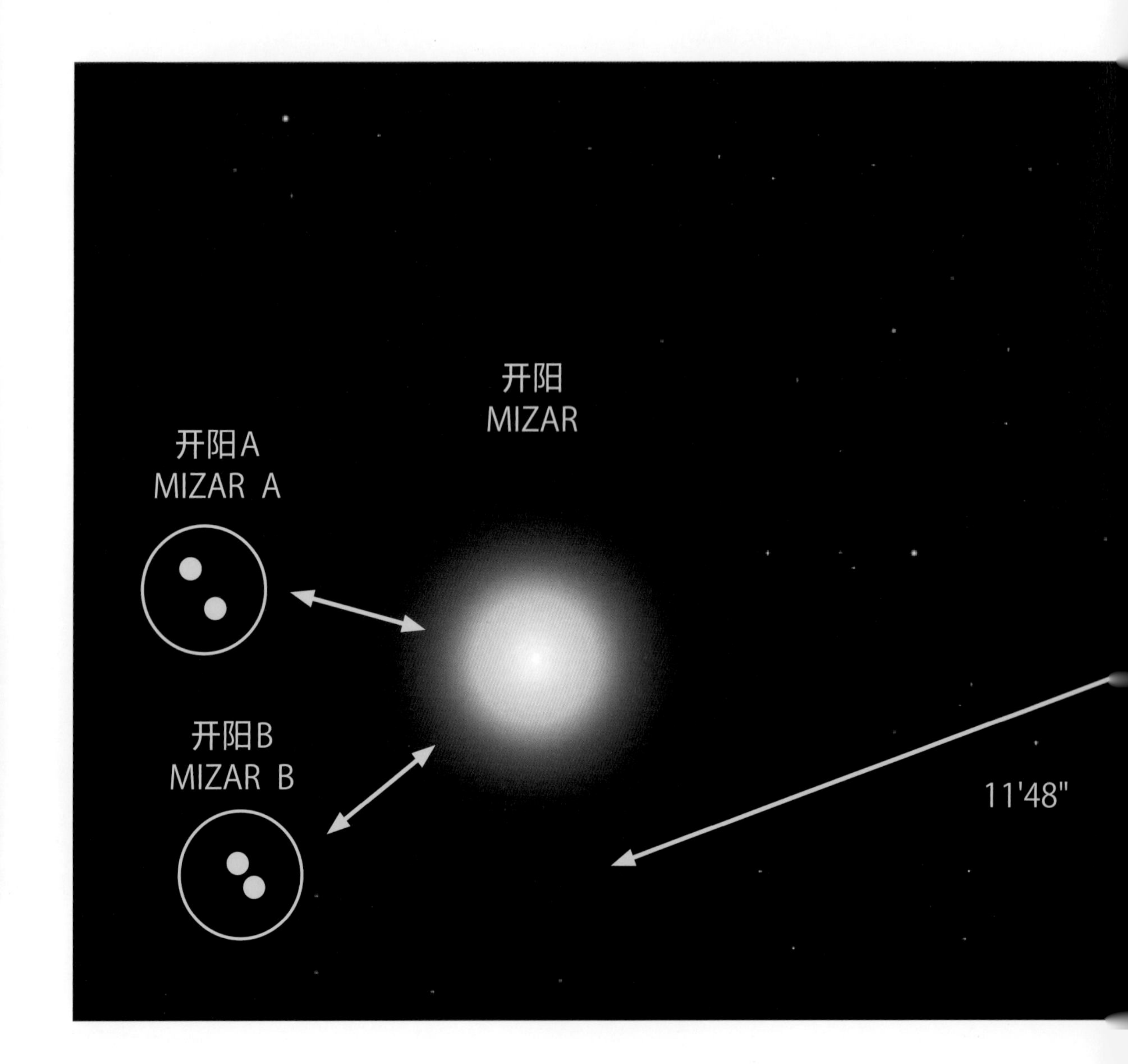

们就组成了双星系统。开阳就是这样的一个双星系统，开阳附近有一颗很小的伴星，叫“辅”。开阳和辅是仅有的两颗星都有名字的双星，它们都属于大熊座移动星群。

用一台小望远镜看开阳星，你会发现紧挨着开阳的身边，还有一颗小星，它们也是一对双星：开阳A和开阳B。它们的角距离是14角秒，在空间中相距380天文单位，要花上千年的时间才能互相绕转一周。1650年，意大利天文学家利奇奥利里用天文望远镜观测开阳星时首先发现了它们，这是历史上第一颗用望远镜观测到的真正双星。

开阳A和开阳B在引力的作用下围绕着同一个中心点，在不同的轨道上互相旋转，像这样的双星系统叫作物理双星。

20世纪初，天文学家通过观测开阳A和开阳B的光谱，发现这两颗星又各为双星！其中开阳A的两颗子星相距0.4天文单位，和太阳到水星的距离差不多，只要20天就绕转一圈。而开阳B的两颗子星绕转一圈需要6个月。每对双星都离得太近了，用普通的望远镜根本无法分辨出来。而且辅也是一对双星，它的伴星是一颗暗淡的红矮星。

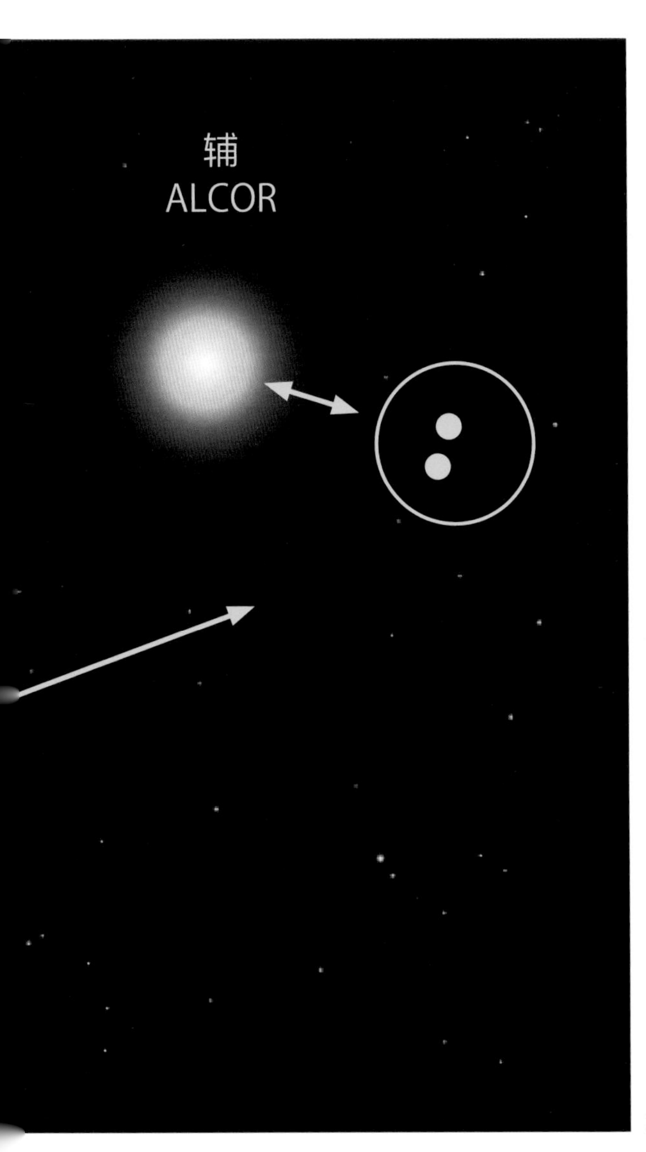

开阳和辅

北斗七星与北极星

图片来源：Stellarium软件

利用北斗七星寻找北极星

先在夜空中找到北斗七星，再将北斗七星的勺子口天枢和天璇用一条直线连接，大约延长5倍的距离处会有一颗星星，那就是北极星。因为天枢和天璇指向北极星，因此它们也叫作指极星。

北极星距地球约433光年，直径约为5 200万千米，质量略大于太阳质量的4倍，是夜空中能看到的亮度和位置比较稳定的恒星。

北极星也叫作紫微星，在古代天文学中，人们将星空区域分为三垣，即太微垣、紫微垣、天市垣，而紫微星是紫微垣的中星。古时候，人们“仰则观象于天，俯则观法于地”，对天地间万物颇有研究，经过长久的观测，人们渐渐发现天空中星星变化的规律，同时人们也发现天空中有一颗星星的位置一直不变，它就是北极星。北极星位于天空北部，离北天极很近，差不多正对着地轴，因此在人们看来，北极星位置不变，其他星星都在围绕

围绕北极星旋转的星轨

图片来源：Pexels　　图片版权：Faik Akmd

它运行，因此北极星被视为宇宙的中心，与人类社会至高权力对应，北极星自然就成了帝王的象征，称为帝王星。《论语·为政》开篇即有“为政以德，譬如北辰，居其所而众星共之”。

在唐开元年间，国家最高的政务中枢——中书省，因此更名为紫微省，“微”与“薇”通，于是省中多植紫薇花。中书令就叫紫微令，中书侍郎就叫紫微郎。自此，文人雅士吟咏紫薇时常常与仕途官运扯上关系，诗人白居易曾在《直中书省》中写道：“丝纶阁下文章静，钟鼓楼中刻漏长。独坐黄昏谁是伴，紫薇花对紫微郎。”因此紫薇花也就有了“官样花”的别名。后来凡任职中书省的，皆爱以“紫微”称之，中书省有谚云：“门前种株紫薇花，家中富贵又荣华。”

北极星属于小熊座，把小熊座中的七颗亮星连接起来，能构成与大熊座的北斗七星相类似的一个斗形，因此这七颗星也被称作小北斗。

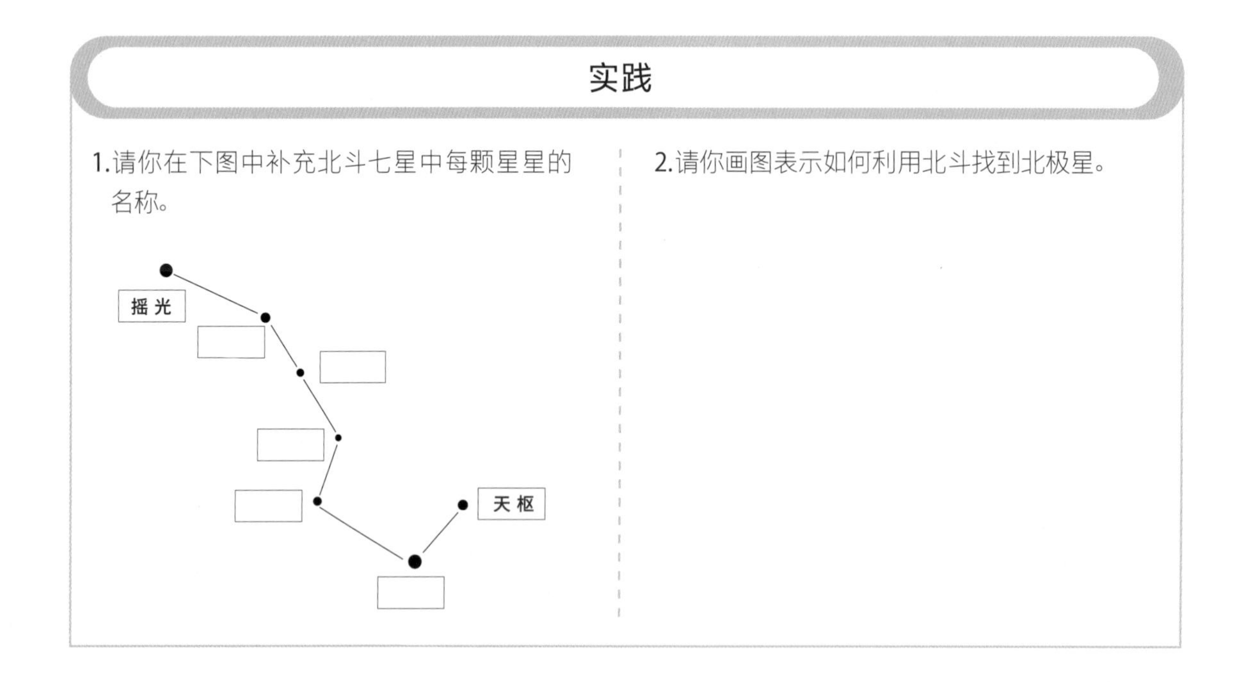

利用北斗七星我们还可以找到春季夜空中的其他星群。

沿着北斗七星斗柄的弧线并延长一个北斗七星的长度，就能找到0等星大

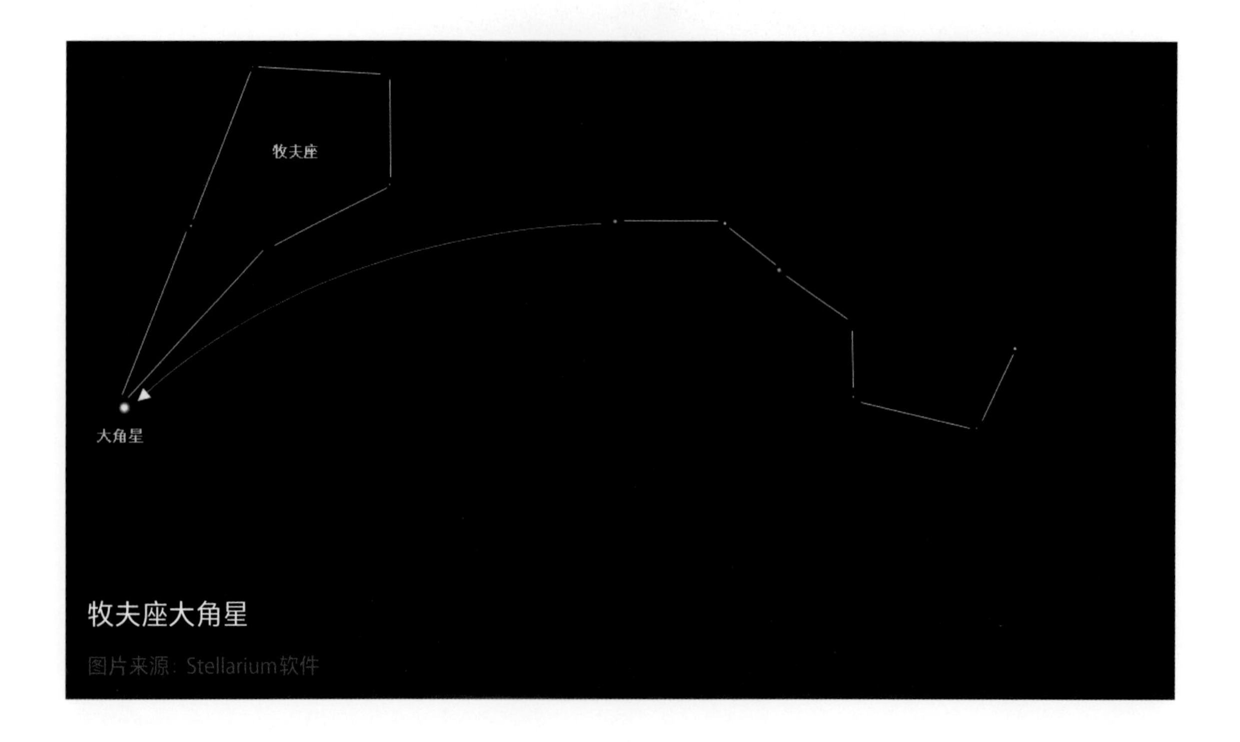

牧夫座大角星

图片来源：Stellarium软件

角星，它是牧夫座中最突出的恒星，也是春季夜空中最亮的恒星。大角星距离地球37光年，是距离我们较近的明亮恒星。它是一颗橙色巨星，直径约为太阳的23倍，辐射能量是太阳的130倍。

将北斗七星中最靠近斗勺的两颗恒星的连线作为箭头，向南45°指向狮子座中1等星轩辕十四。一个反向的问号象征着狮子座中的狮头和鬃毛，轩辕十四是狮子的心脏，东边构成三角形的三颗恒星组成了狮子的后腿和臀部，狮子座是最耀眼的春季星座。

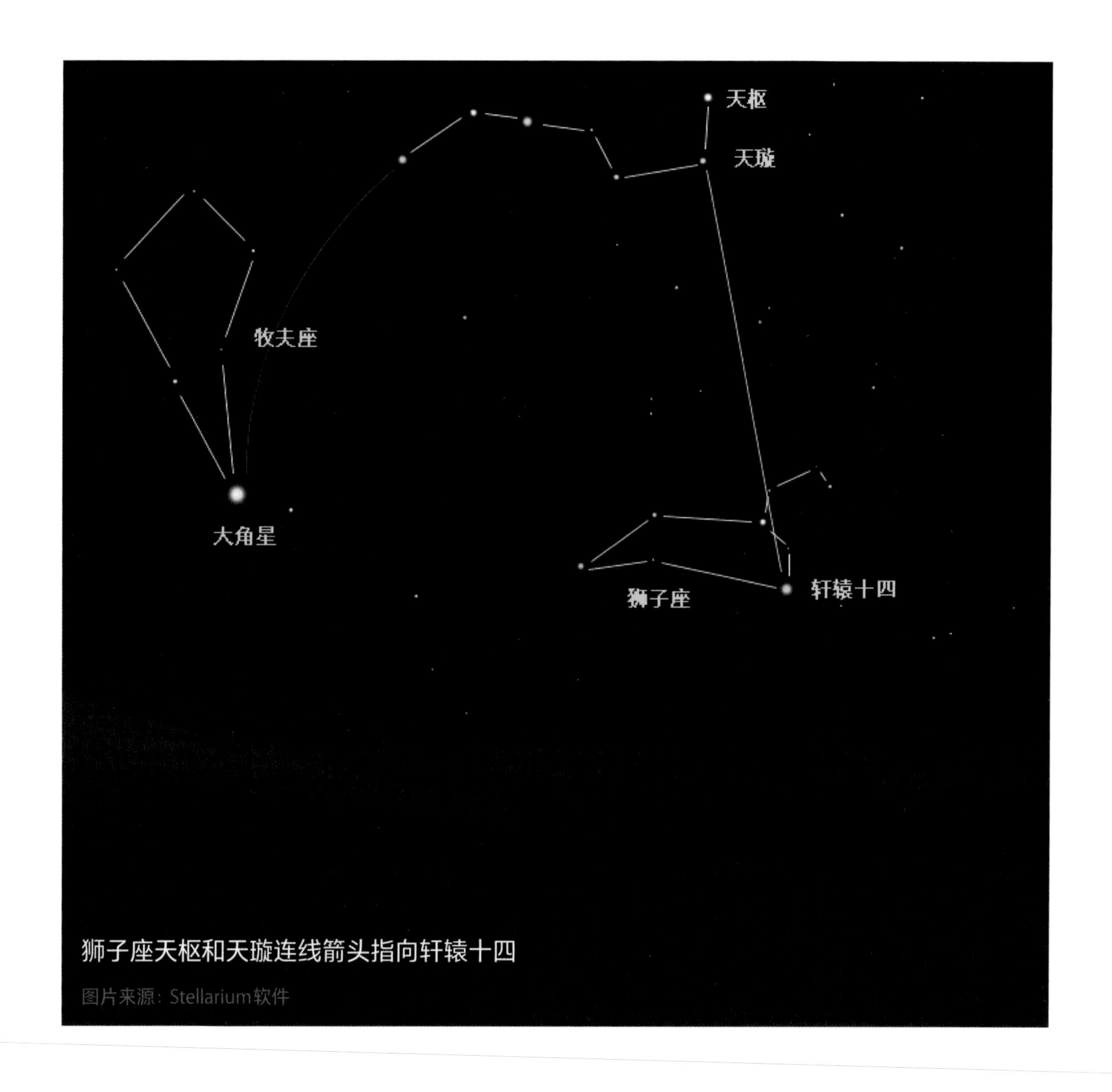

狮子座天枢和天璇连线箭头指向轩辕十四

图片来源：Stellarium软件

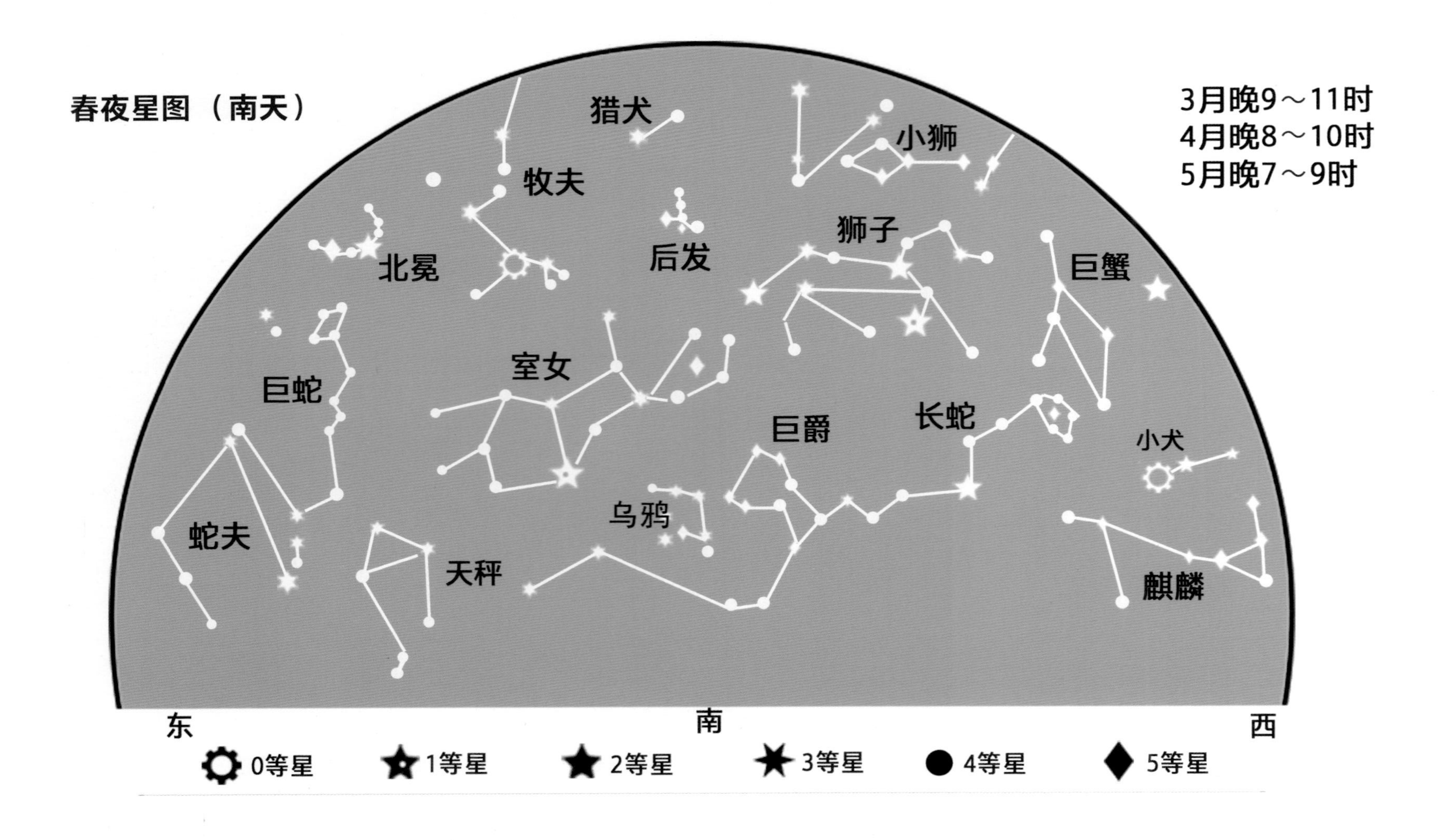
春夜星图（南天）
3月晚9～11时
4月晚8～10时
5月晚7～9时
猎犬
牧夫
北冕
后发
小狮
狮子
巨蟹
巨蛇
室女
巨爵
长蛇
小犬
乌鸦
蛇夫
天秤
麒麟
东
南
西
0等星
1等星
2等星
3等星
4等星
5等星

夏季星座

夏季的星空美得让人流连忘返。

我们从典型的“夏季大三角”开始。“夏季大三角”是一个大而明显的恒星构形，它是由现代人命名的。这个三角形的三个顶点分别是织女星、天津四和牛郎星，它们分别是3个不同的星座中最明亮的恒星。

织女星是天琴座中最明亮的恒星，距离地球约25光年。在夏季夜空中，织女星非常明亮，它是0等星，而且是北方夏夜星空中最亮的恒星。

织女星

图片来源：Wikimedia Commons

天琴座（Lyra）

把织女星和周围的几颗亮星连线，组成的形状宛如一把竖琴，因此它们被称为天琴座。天琴座中有著名的M57星云，它也被称为“环状星云”或NGC 6720。它的直径为1光年，与

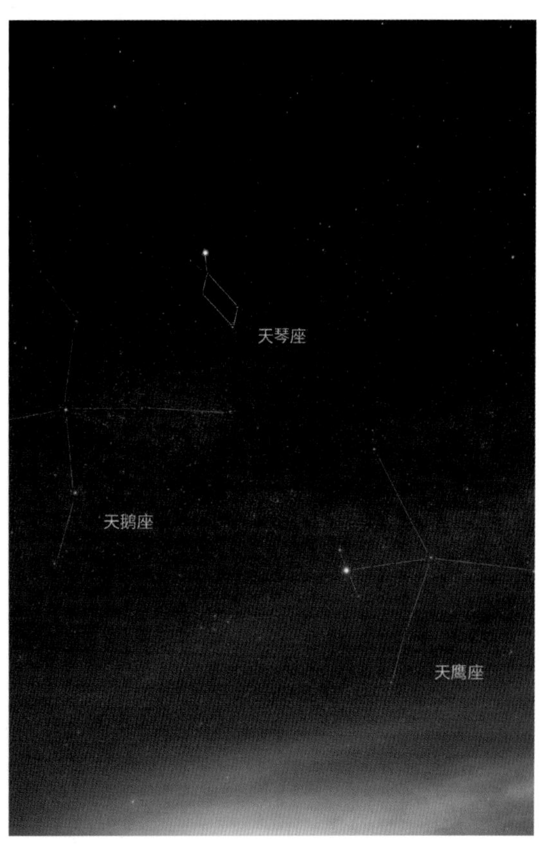

天琴座、天鹰座和天鹅座

图片来源：Pexels

天津四星

夏季大三角

图片来源：Pexels
图片版权：Adrian Lang

织女星

牛郎星

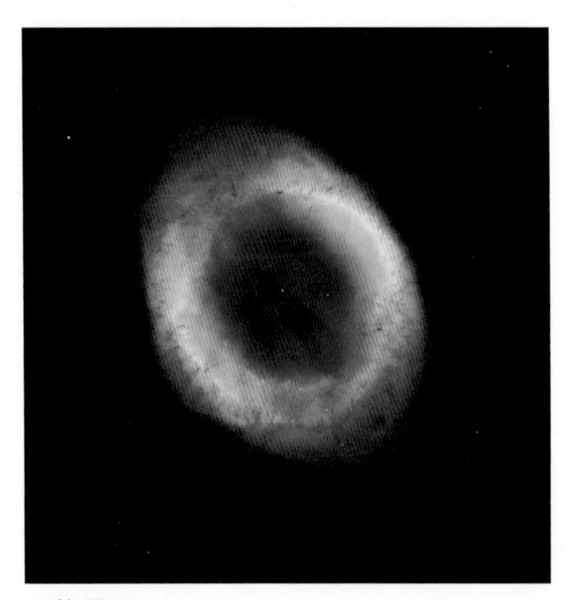

环状星云

图片来源：NASA

地球相距2000光年。它是最出名的行星状星云，也是第二个被发现的行星状星云。其综合星等为8.8等。

它的年龄在6 000到8 000年之间；由于电离氢的发射，星云的外部在照片中呈现红色，中间区域为绿色；二次电离氧发出蓝绿色光。靠近中心恒星的高温区域由于氦气的排放而呈现蓝色。中央恒星本身是一颗白矮星，温度约为125 000开尔文。在望远镜中，这个星云看起来像一个略带绿色的椭圆形环。

天鹰座（Aquila）

牛郎星是天鹰座中最亮的恒星，天鹰座是由3等星和4等星组成的一个模糊的鸟形。天鹰座位于天鹅座和天琴座的南边，在天鹰座天区内亮于6等的恒星有70颗，其中4等星6颗，3等星5颗。第一亮星天鹰α是我们熟悉的牛郎星（又称河鼓二），它是一颗亮度为0.77等的白色主序星，距离我们16光年。它又是一颗快速自转的恒星，约7小时自转一周，而太阳的自转周期平均约为27天。

古阿拉伯人把天鹰座和天琴座看作两只雄鹰。欧洲人称天鹰座α星为“飞鹰”，天琴座α星为“落鹰”。天鹰座是个新星多发区，1918年曾出现过一颗仅次于全天最亮的天狼星的新星——天鹰座V603。

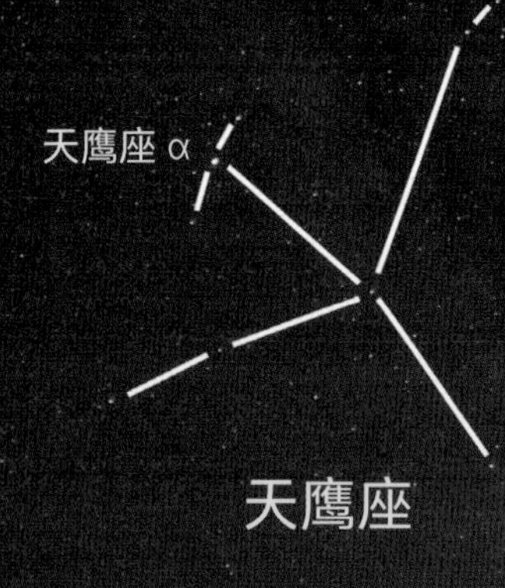

天琴座和天鹰座

图片来源：Pexels

天鹅座

天鹅座（Cygnus）

夏秋季节是观测天鹅座的最佳时期。天鹅座由升到落如同天鹅飞翔一般：它侧着身子由东北方升上天空；到天顶时，头指南偏西，移到西北方时，变成头朝下尾朝上没入地平线。

天津四是天鹅座中最明亮的星，它是颗蓝白色的超巨星，距离地球大约1 400光年。天津四的光度为太阳的18万倍，表面温度达8 500开尔文，半径为太阳的187～220倍，质量为太阳的19.6～23.0倍。根据天津四的质量推算，它最终将膨胀成一颗红超巨星，然后在数百万年后核心会坍缩，进而发生超新星爆炸。

天鹅座中主要的恒星构成了一个十字，而天津四位于其尾部，其翅膀比十字的横线还长，其颈部则延伸到十字的底部——辇道增七（天鹅座β）。天鹅座非常大而美丽，在夜空中非常容易辨识。

“大火”。在以太阳和太阴为授时星象以前，古代中国人曾有很长一段时间以大火星为生产和生活的纪时根据。“大火”昏起东方之时，被认作一年之始；待到“大火”西流，则预示冬眠来临。此外，如大火晨昏中天、火伏、晨见，也都被作为从事相应活动的指示。《左传·昭公三年》提到“火中，寒暑乃退”，就是说大火星清晨出现在正南方时，寒就退了，大火星晚上出现在正南方时，暑就退了。按照商周时的历法，每年夏历的5月黄昏，大火星位于正南方，位置最高。而到了7月黄昏，大火星的位置由中天逐渐西降，人们把这种现象称为“七月流火”。火历在民俗中保存着很多与东方苍龙和大火星相关的风习，如华人尚龙，龙戏珠，寒食节，等等。

托勒密星团

托勒密星团是天空中较醒目的疏散星团之一，梅西耶星表编号为M7。它由一群蓝色亮星组成，位于天蝎座尾部。托勒密星团是一个肉眼可见的星团，当中有一百多颗恒星，年龄约为2亿年，距离我们大约1 000光年远，横跨25光年的区域。托勒密早在130年就曾在文章里提到它。

图片来源：N.A.Sharp, REU program/NOAO/AURA/NSF

其他星座

认识过天蝎座后，我们以它为起点，在它的右边可以发现4颗形成十字形的星星，那就是天秤座了，它的α星（氐宿一）是一颗2.9等星，距离地球约50光年。继续以天蝎座为中心，在它的左边，我们可以找到6颗形状很像北斗七星的星，那就是南斗六星。我们把南斗六星的前面四颗星当成马鞍左边脚踏，第5颗星作为马鞍中心点，在它的右下方可以发现由4颗星组成的不规则四边形的马鞍右边脚踏，这构成马鞍形状的星星连线，就是人马座了。人马座也叫作射手座。在星座书上，人们将人马座描绘成上半身是人、下半身是马的怪物，它拉满弓箭，瞄准西邻的天蝎座。

在人马座下方以及天蝎座尾部左下方，可以看到六七颗小星星串联构成马蹄形状，这就是代表南方国王皇冠的南冕座。

天蝎座、人马座和南冕座

图片来源：Stellarium软件

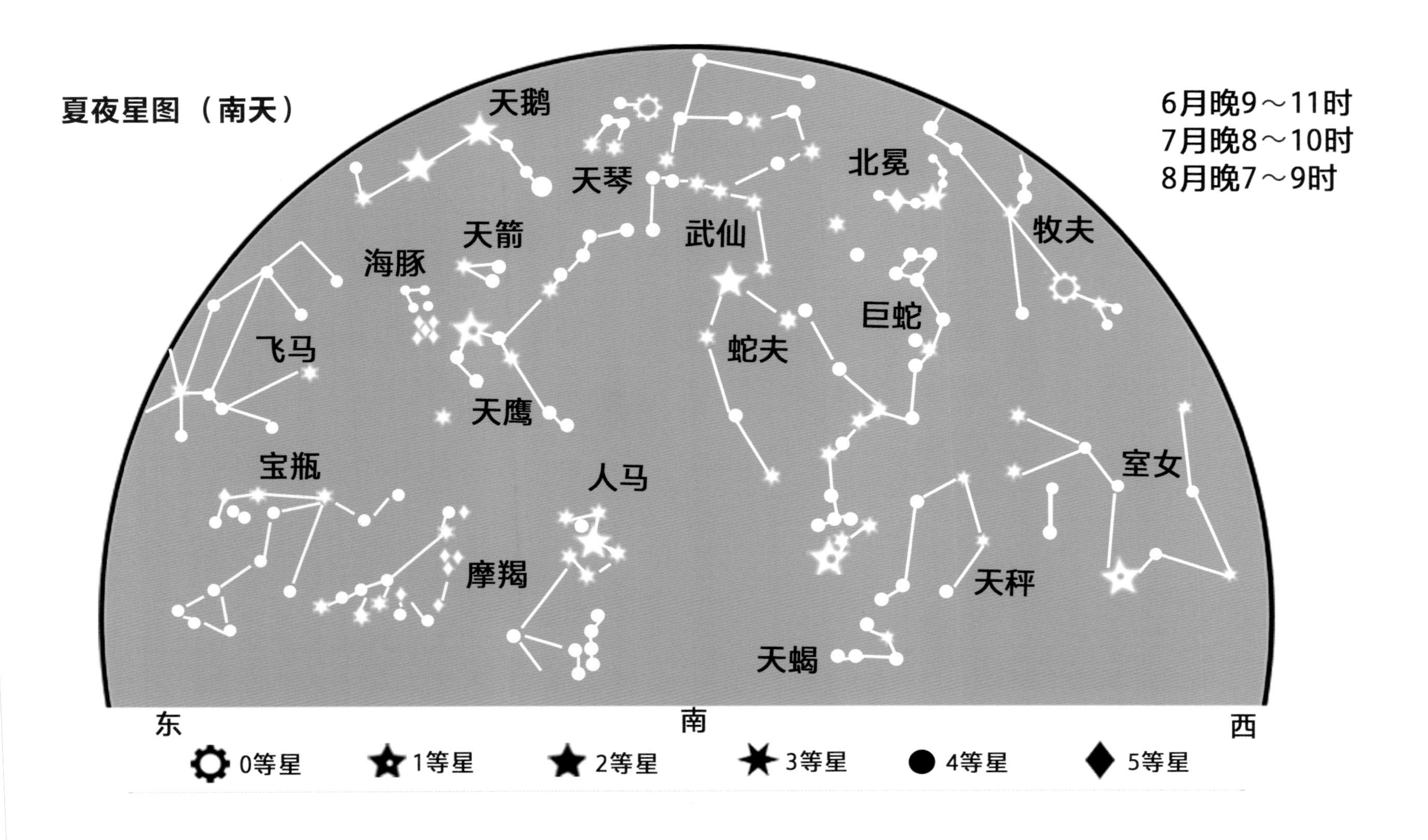
夏夜星图（南天）
6月晚9～11时
7月晚8～10时
8月晚7～9时
天鹅
天琴
北冕
牧夫
天箭
武仙
海豚
巨蛇
飞马
蛇夫
天鹰
室女
宝瓶
人马
摩羯
天秤
天蝎
东
南
西
0等星
1等星
2等星
3等星
4等星
5等星

秋季星座

四季的星空中，秋季的星空是比较寂寥的，因为秋夜的亮星不多，所以辨识起来也较有挑战性。秋季星座有两大主题，分别是以仙后座为首的北天王族星座和以南鱼座为首的南天的水族星座，本书只介绍前者。

北天王族星座

秋季北天的王族星座由仙后、仙王、仙女、英仙与飞马座所组成。

仙后座的形状像字母“W”或“M”，在古希腊的神话中，这个星座被想象为一位头戴皇冠、坐在宝座上的仙后，因此人们给它起名为仙后座。仙后座是秋季夜空中非常耀眼的星座，很容易识别。仙后座与北斗七星分布在北极星的两边，隔着北极星守望相对，因此，你也可以利用仙后座确定北极星的位置。

把仙后座中构成M形或W形的5颗星按顺序标上1、2、3、4、5，从第一颗星到第二颗星画一条线并延长，再从第五颗星到第四颗星画一条线并延长，两条线相交一点；从这个交点到第三颗星画一条线段，把这条线段延长，在大约相当于这条线段5倍的地方能看到一颗比较亮的星，这就是北极星。

仙王座位于仙后的西北方，由5颗暗星组成一支短铅笔的形状。仙王和仙后生了个仙女，仙女座就位于仙后座的南方，它主要由3颗亮星组成并连成阿拉伯数字“1”的形状，并指向东北方，所以秋季认星歌诀中有一句：“仙女一字指东北”。

在仙女座β星（奎宿九）北方约10°的地方，肉眼可见一团朦朦胧胧的天体，它是离我们约230万光年的仙女座星系，是银河系外的一个星系。住在北半球的人用肉眼就能看到它。

仙女座星系是离银河系最近的河外星系，其直径约22万光年，离地球约254万光年。仙女座星系是肉眼可见的最遥远的天体。仙女座星系正以每秒300千米的速度朝向银河系运动，据估计，它在30亿～40亿年后可能会撞上银河系，并最终与银河系合并成一个大的椭圆星系。Spizer空间望远镜的观测显示，仙女座星系有将近1万亿颗恒星，数量比银河系的多得多。

利用仙后座找北极星

王族星座和仙女座星系

图片版权：毛旭宁

仙女座星系

仙女座星系，梅西耶星表编号为M31，位于仙女座方位。它是一个有巨大盘状结构的旋涡星系，直径22万光年，距离地球有254万光年，是距银河系最近的大星系。仙女座星系看起来是纺锤状的椭圆光斑，是已知肉眼可见最遥远的天体。

图片来源：Pexels
图片版权：Luis Felipe Alburquerque Briganti

秋夜星图（南天）

9月晚9～11时
10月晚8～10时
11月晚7～9时

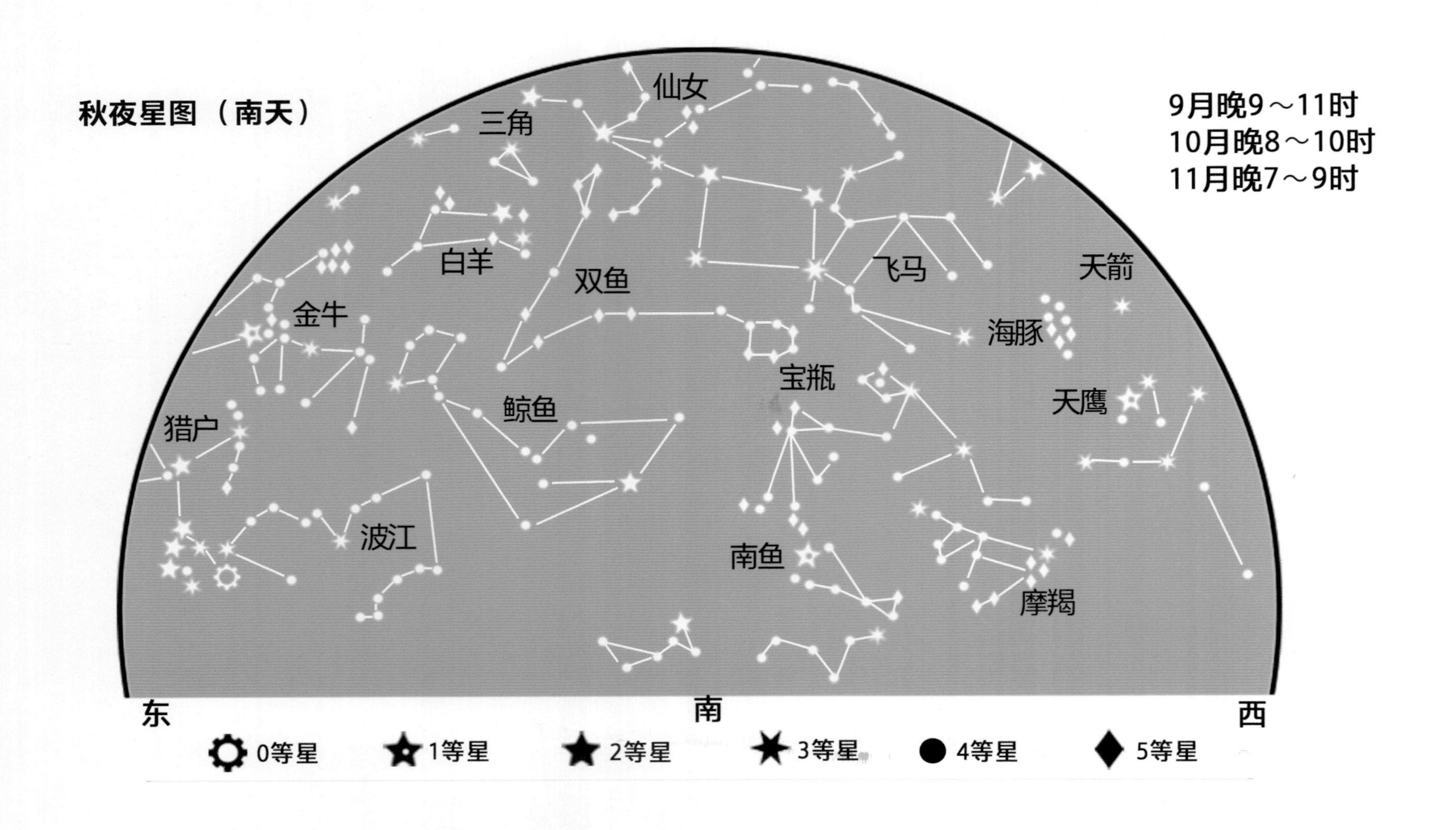

冬季星座

冬季夜空璀璨夺目，众多著名的亮星都将出现在无垠的天幕上，这是一年之中夜空中亮星最多的季节。

猎户座

图片来源：Pexels

猎户座（Orion）

冬季星空里最引人注目的星座就是高悬于南方天空的猎户座。猎户座是所有传统星座中最亮的星座，其亮度在夜空中仅次于北斗七星。与其他星座不同，猎户座中的主星看上去构成了一个人形。3颗璀璨夺目的恒星构成了“猎户”独一无二的“腰带”，除此之外，没有任何如此亮、如此靠近的3颗恒星。“腰带”周围的4颗恒星构成了“猎户”的“肩膀”和“腿”。在中国古代天文学中，天蝎座“身体”部位的三颗星（心宿）叫商星，猎户座“腰带”处的三颗星称为参星。天蝎座和猎户座分别是夏天和冬天最显著的星座，刚好一升一落，永不相见，不可能同时出现于天空上，因此杜甫有诗曰：“人生不相见，动如参与商。”

猎户座中最亮的恒星参宿七是目前已知的光度较大的恒星之一，这是一颗蓝超巨星。参宿七距离地球770光年，光度是太阳的50 000倍。比参宿七近的恒星有100多万颗，但是没有一颗恒星如此之亮。

猎户座中的第二亮星是参宿四，它是已知较大的恒星之一，它的直径约为太阳的800倍。如果把参宿四放到太阳的位置，它将轻松地覆盖水星、金星、地球和火星的轨道。参宿四是一颗红超巨星，这颗恒星在2019年年底突然变暗了，变暗后的亮度大约为原先的一半，不过在持续了几个月之后，到了2020年4月中旬，参宿四的亮度又基本上恢复了，为什么会发生这样的现象呢？

参宿四的质量是太阳的20倍，这些超巨星都不太稳定，所以参宿四又是一颗“变星”，大部分超巨星都会有光变。实际上，参宿四的光度一直都在变化。天文学家的研究表明，此次光变可能是参宿四的一次大量物质抛射事件！因为参宿四是一颗膨胀的红超巨星，其引力对表面物质的约束已经极其微弱，因此剧烈活动时可能会造成大量物质抛射到临近空间，这些物质冷却后遮挡了参宿四的光芒，造成了非正常的光度下降。随着尘埃云逐渐扩散，参宿四又恢复到了原来的亮度。

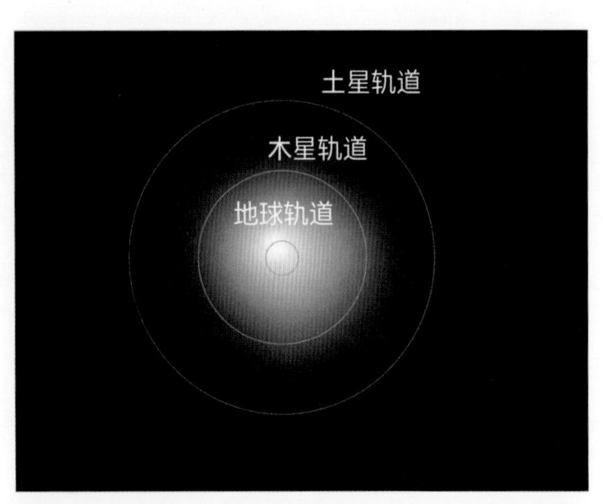

将参宿四放在太阳的位置上

天文学家预测这颗恒星会在10万年之后变成超新星，但由于它距离我们640光年，因此我们只能在它爆炸后640年之后才能看到。

参宿一、参宿二和参宿三这3颗亮星组成了“猎户”标志性的“腰带”。参宿一是一颗蓝超巨星，距离地球736光年，它的质量是太阳质量的28倍。参宿二距离地球1 340光年，其紫外线的光度比太阳的高375 000倍。它是一颗蓝白恒星，100万年之后，它将变成一颗红超巨星，最终发生超新星爆炸。参宿三是猎户座“腰带”上的第三颗恒星，距离地球大约915光年。

位于“猎户”的“右肩膀”的亮星是参宿五，它也是一颗蓝超巨星，距离地球约243光年。参宿五的质量是太阳的8.4倍，距离地球约243光年。其年龄约为2 000万年，其表面温度高达22 000开尔文，远远高于太阳的表面温度（约6 000开尔文）。

参宿六位于猎户座的“腰带”左下方，它是一颗蓝巨星，距离地球约650光年。

猎户座腰带三星和马头星云

图片来源：Pexels　　图片版权：Daniel Schek

因为猎户座的主星都是巨型星，它们不论是在质量上还是在体积上都是远大于太阳的，所以猎户座在夜空中极其耀眼，也非常容易辨识。

猎户座大星云

在猎户座“腰带”下方，是肉眼就可以看到的猎户座大星云（M42）。它是反射星云和发射星云结合在一起的弥漫星云。猎户座大星云由荷兰天文学家惠更斯在1656年发现，它的直径约24光年，视星等4等，距地球约1 344光年。猎户座大星云是太空中正在产生新恒星的一个巨大气体尘埃云。通过望远镜观察，可以看出猎户座大星云的形状犹如一只展开双翅的大鸟。

猎户座大星云
图片来源：Pexels
摄影：Frank Cone

猎户座大星云

通过望远镜观察，我们可以看出猎户座大星云的形状犹如一只展开双翅的大鸟，它的亮度相当高，在无光害的地区用肉眼就可观察。猎户座大星云是全天最明亮气体星云。

图片来源：Pexels　摄影：Alex Andrews

大犬座（Canis Major）

沿着猎户“腰带”向左下方延长20°，就会看到全天最亮的恒星——天狼星了。天狼星所在的星座是大犬座。

天狼星距离地球仅8.6光年，因此在夜空中非常明亮。天狼星是一个双星系统，双星中的亮星是一颗蓝矮星，体积略大于太阳，半径为太阳半径的1.711倍，表面温度约为太阳表面温度的两倍，看起来呈蓝白色。天狼星B一般被称为天狼伴星，是一颗白矮星，其质量略大于太阳，而半径比地球还小。

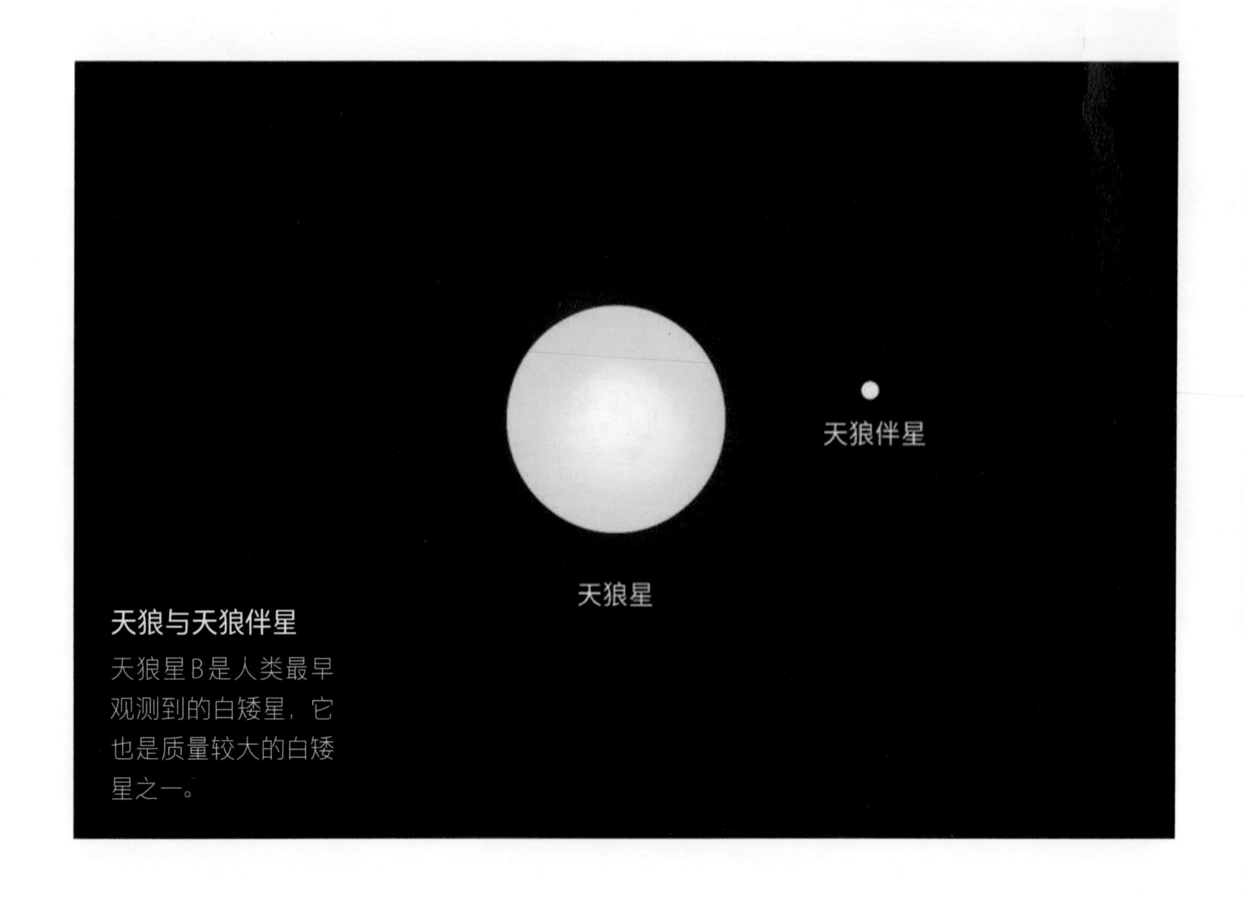

天狼与天狼伴星

天狼星B是人类最早观测到的白矮星，它也是质量较大的白矮星之一。

天狼星

图片来源：Pexels

小犬座（Canis Minor）

在猎户座参宿四的东面，有一颗黄色亮星，名叫南河三。南河三与猎户座的东北角上的参宿四、大犬座的天狼星共同组成一个等边三角形，被称为“冬季大三角形”，在冬季的夜晚非常容易辨识。

南河三距离地球只有11.44光年，视星等为0.4等，表面温度为6 780开尔文，是全天第八亮星。实际上，南河三是物理双星，主星南河三A的质量是太阳质量的1.5倍，辅星南河三B的质量是太阳质量的60%。这颗白矮星的视星等是10.7等，两颗双星相距16天文单位，相互绕行周期为40.82年。南河三的辅星是一颗典型的白矮星，形成于12亿年前，半径比地球略大，密度高达每立方米50万吨，是中等质量偏下的恒星演化到后期的产物。

南河三所在的星座为小犬座。小犬座是个小星座，其中用肉眼能看到的星星很少。传说义犬西里斯升为大犬座后，天神宙斯为了不使西里斯在天上感到寂寞，便找了一条小狗来与他作伴，这就是小犬座，后来这两条猎犬总是跟在猎户奥里翁的后面，帮助他狩猎。

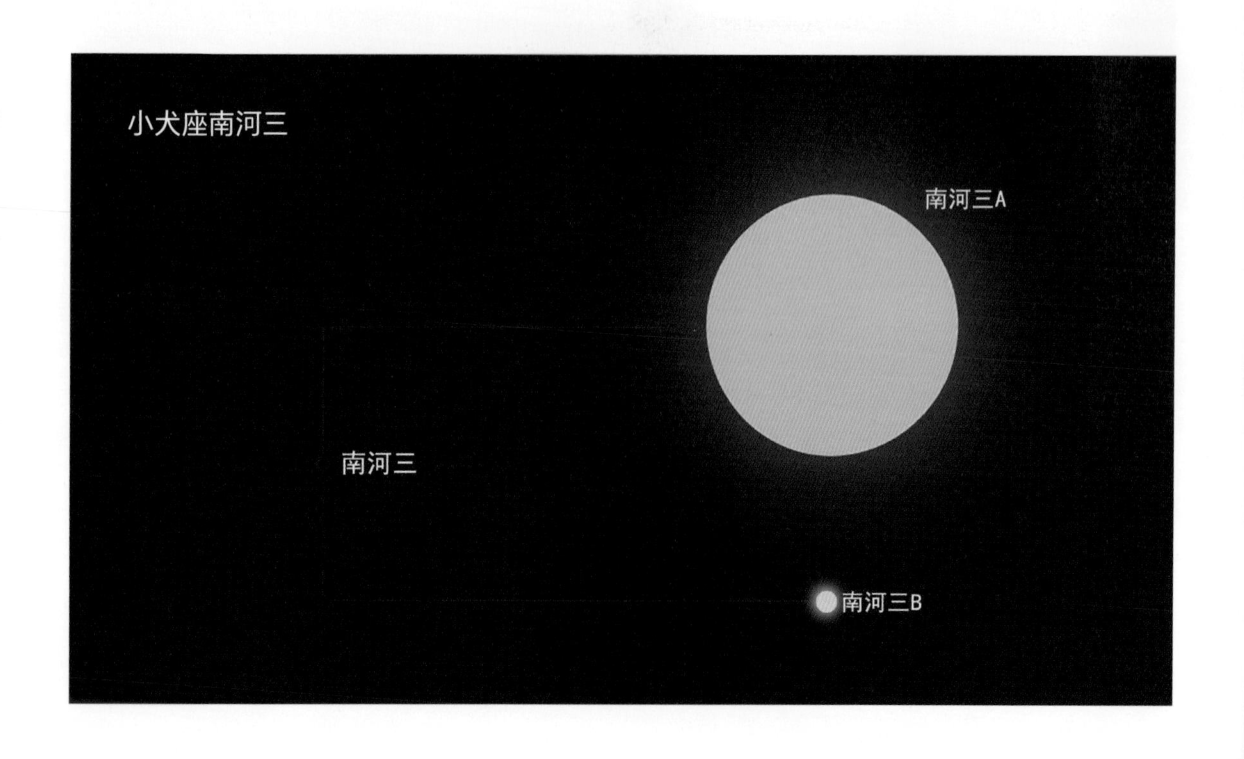

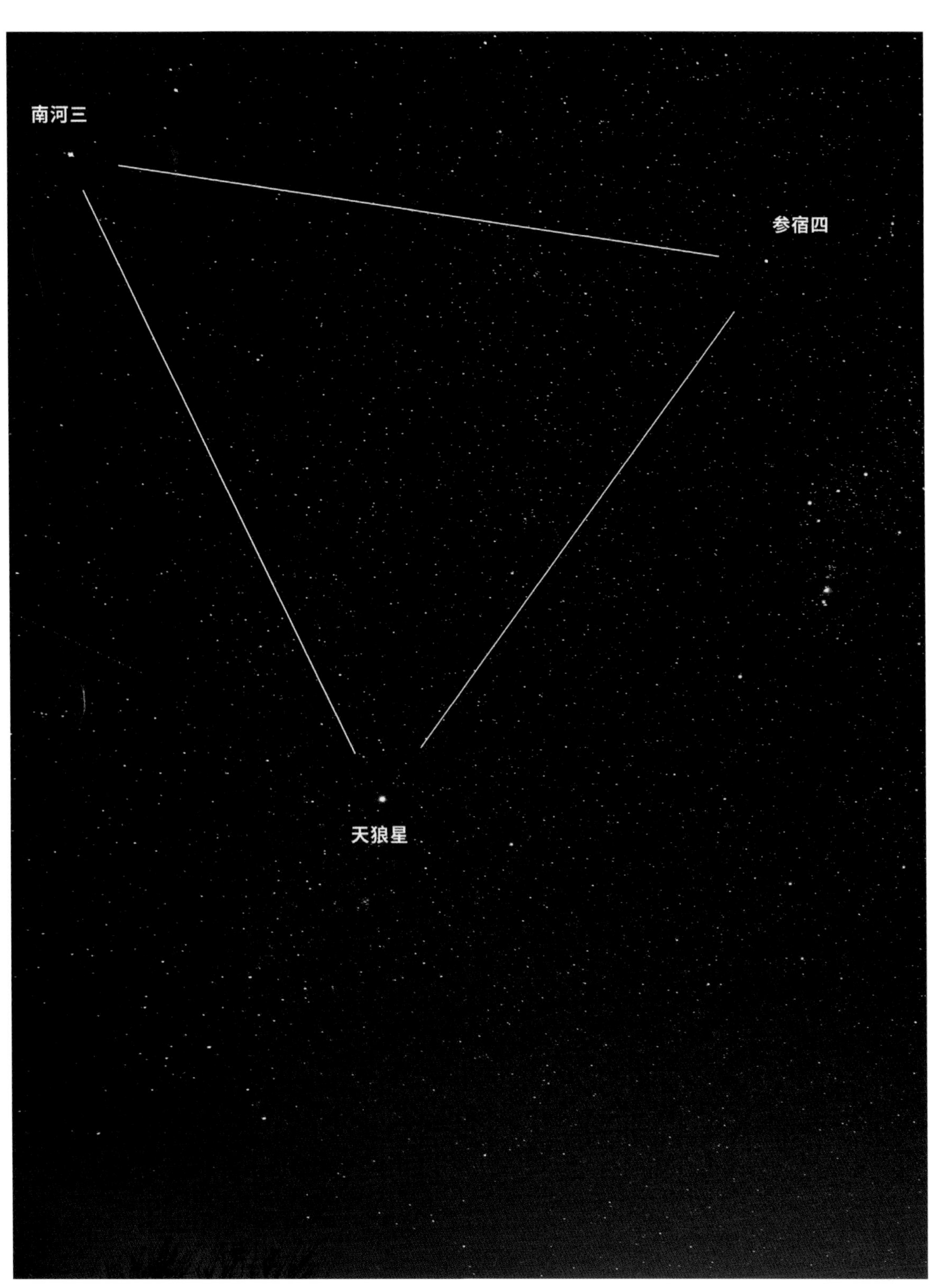

冬季大三角

三星高照

中国古代有句民谚："三星高照，新年来到。"这里的"三星"即猎户座的参宿一、参宿二、参宿三。在冬季，天刚擦黑，看到这3颗星位于正南方天空的时候，就意味着新的一年要来到了。参宿一、参宿二、参宿三构成了猎户座的"腰带"，在冬季夜空中非常耀眼。在民间，这3颗星也叫作福星、禄星、寿星。

冬季大钻石

图片来源：Stellarium软件

三星高照

图片来源：Pexels

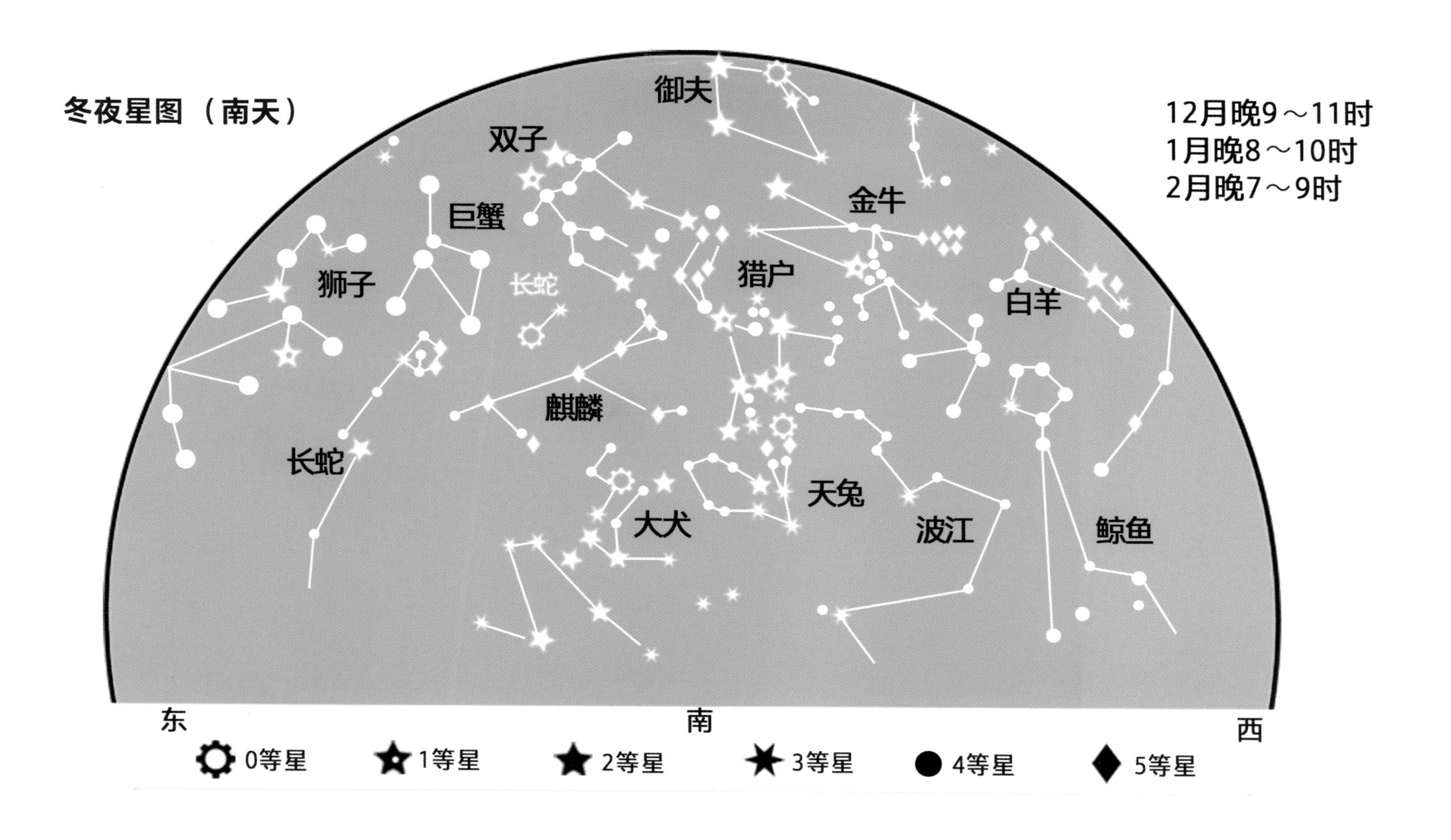
冬夜星图（南天）
12月晚9～11时
1月晚8～10时
2月晚7～9时
御夫
双子
金牛
巨蟹
猎户
狮子
长蛇
白羊
麒麟
长蛇
天兔
大犬
波江
鲸鱼
东
南
西
0等星
1等星
2等星
3等星
4等星
5等星

4

第4章

世界一流观测站

WORLD-CLASS OBSERVATORIES

天文台是人类进行天文观测的主要场所，它们的选址几乎都远离城市。天文台的选址十分严格，其需要符合的条件非常多，比如海拔高、水汽含量少、大气宁静度高和晴夜多等。由于天体的辐射到达地面以前要穿过地球的大气层，因此地球大气条件对天文观测有很大的影响。在光学观测方面，云量会影响观测的时间；大气的吸收会使星光减弱；大气温度和密度的起伏变化，会使大气折射率出现不均匀的状态，引起望远镜中的星像抖动、扭曲或弥散，并减弱进入接收器的星光。大气吸收和不稳定性会降低望远镜的观测质量。在毫米波段的射电观测方面，水汽吸收的影响最为严重。除气候因素外，人为因素也影响天文观测。如城市、工矿的灯光会使天空增亮；烟尘增加大气对光的吸收，会影响对暗星的观测；无线电发射台的电波会给射电观测带来干扰。因此，天文台台址必须精心选择，建设在观测条件最好的地方，尽可能减少各种不利因素的影响，否则，价格昂贵的大望远镜只能起到小望远镜的作用。因此光学条件优良的天文台大多建立在人迹罕至、局部气象条件优越的海岛或荒漠之中。

各方面条件绝佳的地方在世界范围内都不好找，数十年来，各国的天文学家们都在找绝佳的天文观测位置，在全球范围内来看，综合考虑上述的各个因素，全球较好的台址有：西班牙加那利群岛的穆查乔斯岩山；以美国夏威夷莫纳克亚火山为代表的海岛高山型台址；以智利阿塔卡马沙漠的塞罗·帕拉纳尔地区为代表的海岸边高耸山脉型台址；以南极为代表的极地型台址；以中国青海冷湖为代表的高原山地台址。

西班牙加那利群岛

非洲大陆以北的北大西洋中坐落着加那利群岛，这里天空晴朗明净，群岛中还有着世界一流的天文观测台——穆查乔斯岩火山天文台。

拉帕尔马岛位于加那利群岛的西端。由于拉帕尔马岛地处大西洋信风带，这里常年干旱少雨，晴朗的天空有利于清晰地观测夜空，因此在这里，你能享受到最干净、最黑暗的夜空。穆查乔斯岩火山天文台隶属拉帕尔马岛上的“加那利天文物理研究所”，是欧洲北方天文台的一部分。

天文台位于拉帕尔马岛的最高点——穆查乔斯岩火山之上。穆查乔斯岩火山是一座死火山，海拔高达2 400米，这里人烟稀少，远离都市喧

拉帕尔马岛上的穆查乔斯岩火山天文台

图片来源：Wikimedia Commons

器，空气清洁程度非常高。大气云层高度通常在1 300到1 800米，因此不会对天文台的观测带来影响。这里一年四季温度变化不大，常年有海风吹拂，海拔也比云层要高，地形决定了岛上多吹东北风，周围的空气状况非常稳定，因此这里视宁度很高，也是观测太阳活动的最佳地点。

当地的视宁度在北半球仅次于夏威夷莫纳克亚山天文台，适合光学和红外线天文学观测。当地有许多北半球最先进的天文仪器，例如使用自适应光学的瑞典太阳望远镜可提供最高分辨率的太阳影像，口径达10.4米的加那利大型望远镜更于2009年6月起成为世界上最大的单一口径望远镜。

当你站在天文台往下看时，便能欣赏到塔武连特山国家公园的美丽景致。如果来的时机合适，还能看到美轮美奂的云海在你脚下。

夏威夷岛上的莫纳克亚山天文台

图片来源：Wikimedia Commons　　图片版权：Frank Ravizza

美国夏威夷莫纳克亚山

莫纳克亚山（Mauna Kea）是位于夏威夷群岛的一座火山，是形成夏威夷岛的五座火山之一，海拔4 205米，形状酷似圆锥形，冬季这里山顶有积雪。以山脚到山顶高差来看，它是世界上最高的山，超过了珠穆朗玛峰。其山脚到山顶的高差是10 203米（海平面以上4 205米，水下5 998米），位于几乎三分之一的大气层以上。

这座山的山顶被公认为全世界最佳的天文台台址，是因为：

①山顶的位置在40%的大气和90%的水蒸气之上，因此有着格外清楚的星空影像。

②山峰位于逆温层之上，每年可以有300个晴朗的夜晚。

③北纬20°的低纬度，几乎可以看尽南北半球的天空。

④它是盾状火山，意味着这很容易由陆路运输抵达山顶。

⑤夏威夷群岛人口密度低，也意味着这儿只有非常轻微的人造污染源。

因此它是次微米、红外线和光学波段的理想观测地点。

莫纳克亚山上聚集着世界上顶尖的天文学家和天文台，能观测从毫米波到光学波段的天体辐射。在莫纳克亚山上有13个天文台的天文望远镜：

①加州理工学院的亚毫米望远镜（CSO）。

②加拿大、法国、夏威夷大学共建的加法夏望远镜（CFHT）。

③美国、英国、加拿大、智利、澳大利亚、阿根廷、巴西共建的双子望远镜。

④美国国家航空航天局的轻便红外线望远镜（IRTF）。

⑤英国、加拿大、新西兰共建的麦克斯韦望远镜（JCMT）。

⑥日本国家天文台的望远镜（Subaru）。

⑦中国台湾的天文所和美国夏威岛上的史密松天文台共建的亚毫米阵列望远镜（SMA）。

⑧英国的红外线望远镜（UKIRT）。

⑨夏威夷大学的夏威夷88英寸望远镜（UH88）。

⑩夏威夷大学的夏威夷24英寸望远镜（UH24）。

⑪美国的超长基线阵列（VLBA）接收机。

⑫加利福尼亚协会的凯克望远镜。

⑬我国参与建造的30米直径望远镜（TMT）。

2012年10月30日，美国国家航空航天局宣布，好奇号探测器对火星土壤样本的首次分析显示，火星部分土壤与夏威夷莫纳克亚山侧面的土壤相似。这是好奇号自美国东部时间2012年8月6日在火星盖尔陨石坑成功着陆后，首次用自带的化学矿物仪器对摄入的土壤样本进行矿物学鉴定。这也是X射线衍射技术第一次用于分析地球以外星体的土壤。土壤样本来自一片名为“岩巢”的灰尘和沙砾堆，筛选掉超过150微米的沙砾后，只剩下遍布于整个星球的灰尘和更具火星特色的细沙两种成分。

智利阿塔卡马沙漠

阿塔卡马沙漠是南美洲西海岸中部的沙漠地区，在安第斯山脉和太平洋之间，南北绵延约1 000千米，总面积约为18.13万平方千米，算得上是世界上面积较大的沙漠之一，其主体位于智利境内，也有部分位于秘鲁、玻利维亚和阿根廷。在副热带高气压带下沉气流、离岸风和秘鲁寒流综合影响下，这片沙漠成为全世界最干旱的地方，就算仙人掌都没有出现过，被称为世界的“干极”，且在大陆西岸热带干旱气候类型中具有鲜明的独特性，形成了沿海、纵向狭长的沙漠带。这里简直就是看星星的天堂——高海拔、无光污染的夜空，还拥有地球上除极地以外最干燥的空气。

阿塔卡马沙漠平时的日间温度在40℃左右，连仙人掌都不愿意在此生存，是地球上的不毛之地。考证得知，这个沙漠在1570年到1971年的四百多年间都没有下过雨，这里的年平均降雨量连1毫米都达不到。就是说你把一杯水倒掉，留在杯底的水都比这里的降雨量多。

这里的峡谷呈铁锈红色，跟火星地表的颜色很像，不仅如此，这里的环境和气候也跟火星的很像，所以美国国家航空航天局会在这里做模拟火星实验。

在这里的山体里面还有很多盐矿结晶，从很远的地方看过去，仿佛是山头上还没融化的雪。根据记载，2015年的时候，这里突然下了一场雨，那次降雨之后，沙漠中的很多植物都开始生长了，开出的花的颜色也都是红色的，远远看去就跟红色的海洋一样。

阿塔卡马天文台，位于南美智利北部的查南托高原，海拔5 640米，是世界上最高的天文台。在智利设立的天文台还有以下几个。

帕拉纳尔天文台（Paranal Observatory）隶属欧洲南部天文台（ESO，以下简称“欧南台”），该天文台位于安托法加斯塔大区，海拔2 635米。主要设备是4台8.2米口径的甚大望远镜（VLT）以及若干台辅助望远镜组成的甚大望远镜干涉仪（VLTI），4米口径的可见光和红外巡天望远镜（VISTA），2.5米口径的VLT巡天望远镜（VST）。作为“主人”的欧南台自然成为世界上最先进的光学天文台。此外，帕拉纳尔的高海拔和

阿塔卡马大型毫米波/亚毫米波阵列

图片来源：Wikimedia Commons　　图片版权：ESO/C. Malin

极端的干燥环境也造就了最完美的天文观测条件。

拉诺德查南托天文台（Llano de Chajnantor）隶属欧南台，它位于智利北部查南托高原，地处安第斯山脉5 000多米海拔的山顶之上，距离智利著名的古迹圣佩德罗–德阿塔卡马约40千米，距离海港城市安托法加斯塔约275千米。该地区气候干燥，海拔高，非常适合毫米波天文观测。主要设备是12米口径的APEX亚毫米波望远镜，以及多国合作建造的阿塔卡马大型毫米波天线阵（ALMA）。阿塔卡马大型毫米波天线阵建成时将由66个无线电天线组成，分布范围最远可达16千米，它将是世界上最大、最先进的射电望远镜阵列。它由66个巨大的天线组成，日夜窥探着宇宙深处的秘密。

欧南台的望远镜设立在智利北部安第斯山脉支脉，是南半球甚至全世界观测条件最佳的天文台之一。当地年平均可观测天文现象的时间在300至330天，十分干燥的气候能有效地减少大气中的水汽对天文观测的影响，而且洁净空气的稳定程度很高。

拉西亚天文台（La Silla observatory）隶属欧南台，该天文台位于智利阿塔卡马沙漠南部的拉西拉山，首都圣地亚哥以北约600千米，海拔2 400米。主要设备有1989年落成的3.5米口径新技术望远镜，1976年落成的3.6米口径光学望远镜，1984年落成的德国马克斯·普朗克天文研究所的2.2米口径望远镜，以及1987年落成的瑞典15米口径亚毫米波射电望远镜。

玛玛于卡山旅游天文台（Cerro Mamalluca tourist Observatory）在玛玛于卡有初级水平和高级水平的参观，除此之外，还有关于印加人世界观的展览。

南十字天文台（Southern Cross Observatory）这是南美最大的天文旅游中心之一，位于科金博的孔巴尔瓦拉。这个观察站是由孔巴尔瓦拉市政府和智利圣地亚哥大学天文馆共同建造的。它拥有弯形和圆形的观测屋顶、16英寸（1英寸=2.54厘米）的望远镜和一些展览厅。

庞戈天文台（El Pangue Observatory）距离骆马18千米的庞戈天文台有适宜一般大众的游览项目，适宜想要自己用望远镜不限时间观测的爱好者们。

克罗瓦拉旅游天文台（Collowara tourist Observatory）克罗瓦拉拥有14英寸大功率望远镜施密特–卡塞格林式望远镜，一个能容纳54人的会议放映厅和3个朝东呈十字的直接观测平台。

马宇山天文台（Cerro Mayu Observatory）马宇拥有一台14英寸施密特–卡塞格林式Meade LX200望远镜。

坎卡纳天文台（Cancana Observatory）位于克奇瓜斯，海拔1 500米。

托洛洛山美洲天文台（Cerro Tololo Inter-American Observatory）这是一个具有高科技水平的天文台，位于拉塞雷纳东部87千米，海拔2 200米。托洛洛拥有8台望远镜和一台射电望远镜。

拉斯坎帕纳斯天文台（Las Campanas Observatory）主要设备有6.5米口径的麦哲伦望远镜、2.5米口径的杜邦望远镜和1米口径的斯沃普望远镜。

中国也在智利北部的安第斯山区建造一座顶级天文台。

南极冰盖

南极点天文台有着全球其他观测台址都无法比拟的优势。第一，南极每年4个半月连续全黑夜，而且晴天时间高达90%以上，很容易实现连续观测而且达到相应的科学目标，由于半年之内太阳不升起，所以随着温度的变化，大气条件的变化很小；第二，南极冰穹A（DOME-A）海拔高、温度低、尘埃少、大气稀薄、极为干燥，因为电磁波很容易被地球大气中的水蒸气吸收，所以这里很适合观察电磁波，甚至可以媲美太空环境，不只对毫米波望远镜，对红外及光学波段望远镜都是地球上最佳的地面观测站址；第

南极点天文台

图片来源：Wikimedia Commons　图片版权：Christopher Michel

三，风速小、大气湍动少、视宁度极好，适合放置大型望远镜阵进行光干涉成像观测等；第四，地面上人工光源干扰少；第五，南极是天空视角最大的地方，比地面其他地方都适合天文观测，可以极大地提高观测效率。

1995年，美国在阿蒙森-斯科特基地建造了直径为1.7米的AST / RO（南极亚毫米望远镜和遥测天文台）射电望远镜，并在亚毫米波段进行了星际分子观测。

南极点望远镜（The South Pole Telescope，SPT）是一个位于南极洲南极点阿蒙森-斯科特南极站的10米射电望远镜。南极点望远镜的建设始于2004年，2006年在美国得克萨斯州进行了初步的组装和运行测试，然后在南极洲重新组装。南极点望远镜在2007年2月16日实现初光。该地点位于黑暗部门实验室的一角，距阿蒙森-斯科特基地约1千米，海拔约2 800米。

南极点望远镜由9所北美大学和研究机构合作运营，分别为凯斯西储大学、科罗拉多大学博尔德分校、哈佛-史密松森天体物理中心、美国国家航空航天局喷气推进实验室、麦吉尔大学、芝加哥大学、伊利诺伊大学香槟分校、加州大学伯克利分校、加州大学戴维斯分校。

我国南极点天文台位于我国第三座南极科学考察站——昆仑站，海拔4 087米，位于南极内陆冰盖最高点冰穹A西南约7.3千米，最终耗资可能超过10亿元。已完成的第一期计划包括由南京天文光学技术研究所、紫金山天文台和国家天文台联合研制的中国之星小望远镜阵列（CSTAR），南极高原国际天文观测站（PLATO），30米高塔的一个自动气象站等。第二期计划安装3台680毫米南极巡天望远镜。第三期计划安装2.5米的光学望远镜和5米太赫兹望远镜。

中国青海冷湖

赛什腾山观测站

除了南极，这些世界级的光学天文台址都位于西半球。不过现在不一样了，科学家们在我国青海冷湖赛什腾山区发现了国际一流的光学天文台址，它位于青藏高原北部，气候寒冷干燥，少雨多风，海拔大约4 200米，比夏威夷凯克天文台高大约60米。年均气温2.6℃，年降水量仅17.8毫米。2018年1月，中国科学院国家天文台邓李才研究团队启动了青海冷湖地区的天文选址工作，并进行了连续3年的监测。选址团队经过细致的统计分析，发现冷湖赛什腾山C区（4 200米标高点）的视宁度与国际最佳台址的同期数据大致相同，全面优于其他台址。冷湖赛什腾山台址的红外观测条件是所有国际一流台址中最为优越的。按可观测时间和视宁度进行综合量化分析，赛什腾山的品质优于青藏高原其他选址点，与夏威夷莫纳克亚山和智利各天文台相比，基本持平。今后我国诸多大型光学天文观测设备大概率会建造在这里，此地也将会被打造成东半球乃至亚欧大陆上最大的天文观测站。

冷湖赛什腾山观测站

图片版权：邓李才

冷湖镇

冷湖镇位于青海省柴达木盆地北部，这里原本是一片无人区。20世纪50年代，石油地质队到达这里时，在茫茫戈壁深处发现了一个面积不足5平方千米的小湖泊，这是在1万多平方千米盐碱侵蚀的戈壁上唯一饱含淡水的地方。在炎热的戈壁上，这个湖泊的水却冰冷异常，因此在蒙古语中，它叫作奎屯诺尔湖，语意为无比冰冷的湖水。地质队员们也以冷湖为这片土地命名，并沿用至今。

1958年9月，钻井队承钻的地中四井在钻至650米后发生井涌，继而出现井喷，喷势异常猛烈，原油连续畅喷三天三夜，这是完全由中国人探明、设计、开采的第一口油井。地中四井的大量喷油，预示着一个新油田的诞生。石油也彻底带火了这片无人区，一时间，医院、学校、电影院、商铺、粮站、邮局、银行等一应俱全，鼎盛时期有10万余人生活在冷湖镇。但冷湖因石油而生，也因石油而败。从20世纪90年代初开始，冷湖的石油资源逐渐枯竭，冷湖从一个繁荣的石油小镇逐渐变得冷清……

冷湖虽然因为石油资源的枯竭而走向没落，但是这里的气候环境给它带来了一个新的发展机遇。冷湖地区日照丰沛、降水极少、夜空晴朗，国家天文台邓李才研究团队通过对冷湖

赛什腾山区的实地考察，确定在山区4 200米海拔标高点（赛什腾C区）进行定点选址，建设中国最大的天文观测基地——冷湖观测基地。冷湖国际一流台址的发现不但突破了我国光学天文观测发展的瓶颈，为我国光学天文

发展创造了重大机遇，更是国际光学天文发展的宝贵资源！因为冷湖所在的地理经度，是世界大型光学望远镜

冷湖赛什腾山观测站
图片版权：郑李才

的空白区，而天文观测常常需要时域、空域的接力观测。

地处青海省海西州的冷湖镇，地理上是中国的腹地，镇区海拔2 700米，距赛什腾山台址80千米，可以建设可靠的后勤保障和科研基地。冷湖观测基地作为未来的大型天文台，具有良好的交通保障，区位优势明显。赛什腾山冷湖观测基地的建设为这座在转型路口徘徊的小镇带来了新的生机！

目前，冷湖赛什腾山已签约落地天文望远镜项目7个，4个项目已经于2020年开工建设，项目总投资1.74亿元；2021年开工建设的有3个项目，总投资4.23亿元。7个天文望远镜项目分别是：中国科学院国家天文台实施的SONG望远镜项目，西华师范大学与中国科学院国家天文台联合实施的50BiN望远镜搬迁项目，紫金山天文台实施的多应用巡天望远镜阵MASTA项目，中国科学技术大学和紫金山天文台联合实施的2.5米大视场巡天望远镜项目，中科院地质与地球物质研究所实施的行星科学望远镜PAST项目，中科院地质与地球物质研究所实施的行星科学望远镜TINTIN项目，国家天文台实施的用于太阳磁场精确测量的中红外观测系统AIMS。

第5章

观星工具

TOOLS FOR STARGAZING

天文望远镜

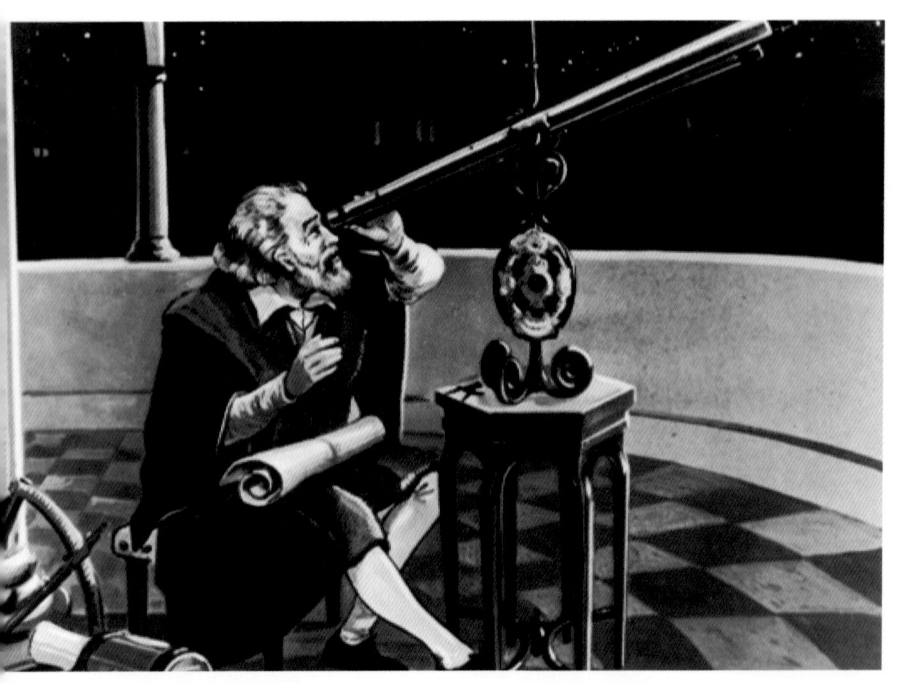

伽利略通过望远镜观测星空

折射天文望远镜

1609年5月，正在威尼斯做学术访问的伽利略偶然得知一个荷兰的眼镜商制造出了望远镜，他受到启发，也制造了望远镜，该望远镜由一个凹透镜和一个凸透镜构成，前者是目镜，后者是物镜。伽利略制造的第一架望远镜只能把物体放大3倍，第二架望远镜可以放大8倍，第三架望远镜可以放大20倍。又经过一段时间的钻研，他制造出了口径4.4厘米、长1.2米，放大率达到32倍的望远镜。

这架望远镜在今天看来极其简陋，但就是凭借它，伽利略观测到了月球陨石坑、太阳黑子、木星的4颗卫星和土星环，找到了支持哥白尼“日心说”的证据，并且极具前瞻性和创造性地指出，银河系是由不计其数的恒星构成的。

1611年，开普勒提出用两片凸透镜作望远镜，即物镜和目镜都是凸透镜，目镜在物镜焦点的后面，这种望远镜被称为开普勒望远镜。这些天文望远镜的光学元件都是折射元件，故被称为折射天文望远镜。两种形式的折射望远镜在天文工作中都被广泛使用。

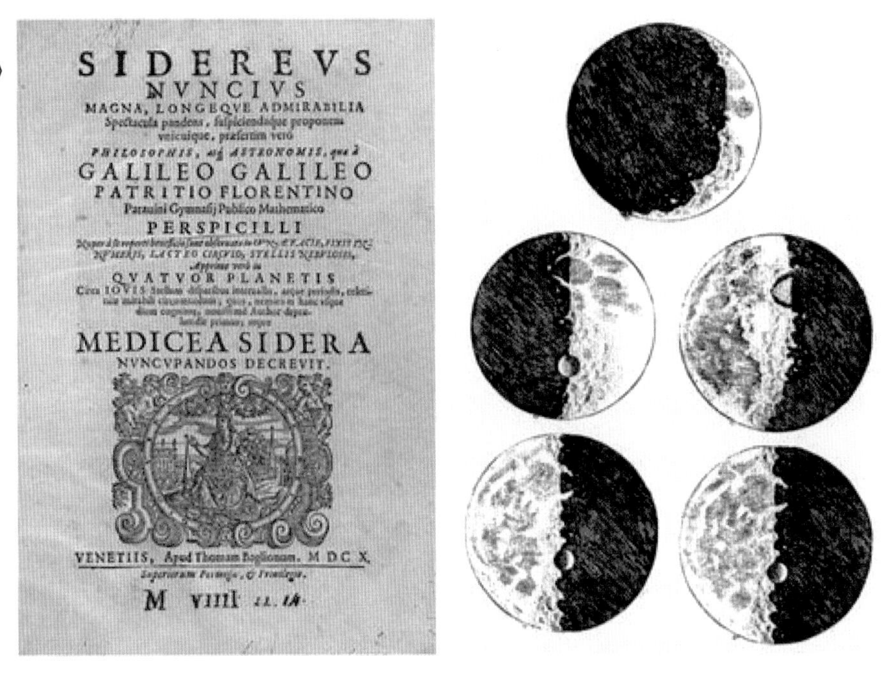
SIDEREVS
NVNCIVS
MAGNA, LONGEQVE ADMIRABILIA
Spectacula pandens, suspiciendaque proponens
vnicuique, præsertim verò
PHILOSOPHIS, atq; ASTRONOMIS, quæ à
GALILEO GALILEO
PATRITIO FLORENTINO
Patauini Gymnasij Publico Mathematico
PERSPICILLI
QVATVOR PLANETIS
MEDICEA SIDERA
NVNCVPANDOS DECREVIT.
VENETIIS, Apud Thomam Baglionum. M DC X.
Superiorum Permissu, & Priuilegio.
M VIIII

1610年，伽利略于《星空信使》中绘制的月球观测图

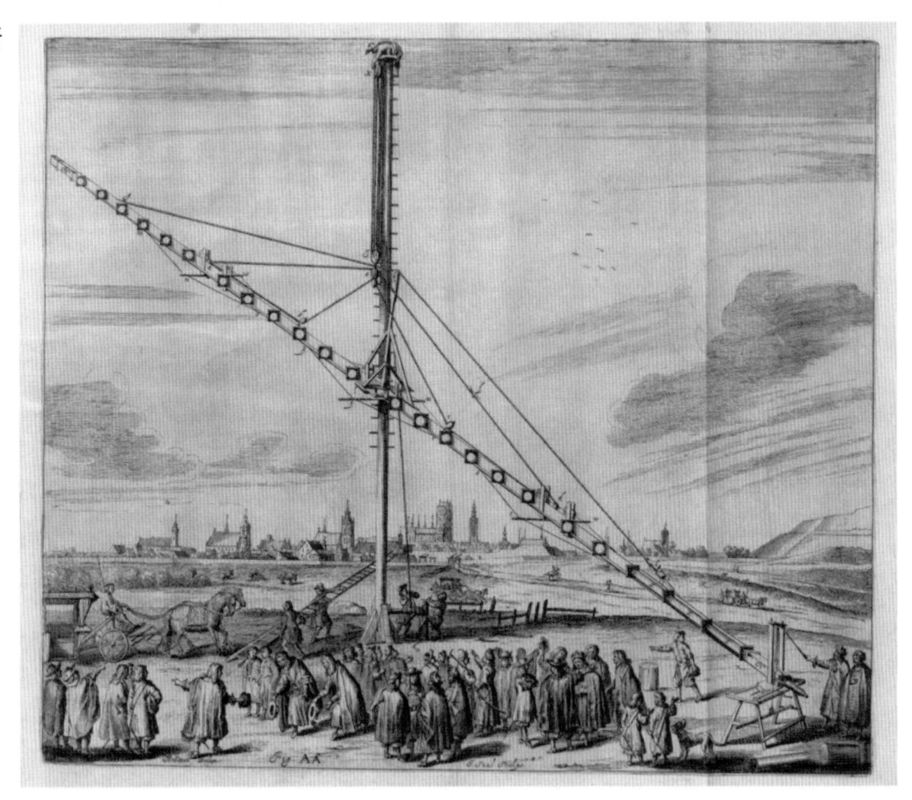

46米焦距的开普勒式折射望远镜

反射天文望远镜

在折射天文望远镜发展的同时，人们已经有了用反射镜面代替透镜的想法，并开始制造反射天文望远镜。但球面镜像质量太差，非球面镜又没有很好的方法加工，一直没能成功。直到1668年牛顿制成了第一架反射望远镜，物镜口径2.5厘米，焦距16厘米，放大率31倍。

1733年，由于消色差物镜的发明，折射天文望远镜的研制又开始复苏，从此，折射天文望远镜和反射天文望远镜平行地发展着，由于光学玻璃熔炼技术及透光性能等的限制，折射天文望远镜的尺寸最大只能做到100厘米。1897年建成的口径102厘米的叶凯士望远镜是当时最大的折射天文望远镜。

随着反射天文望远镜采用的玻璃制造技术不断发展，反射天文望远镜可以制造的口径越来越大。1918年，美国建成了口径2.54米的反射望远镜；1948年，美国又建成了口径5.08米的海尔望远镜；1976年，苏联建成了口径6米的反射望远镜。1993年以来世界上建成了13架口径在8～10米范围的大型望远镜。

牛顿反射望远镜的复制品

牛顿于1672年，将其赠送给皇家学会。

图片来源：维基百科

折反射天文望远镜

除了折射天文望远镜和反射天文望远镜外，1814年出现了光学系统中既有折射镜面又有反射镜面的天文望远镜，称为折反射天文望远镜。天文观测中所用的折反射天文望远镜主要是施密特望远镜和马克苏托夫望远镜。

德国光学家施密特于1931年发明了施密特望远镜。它由一块接近平面的非球面薄玻璃板（称为非球面改正板）和一个球面镜构成。用非球面板校正球面镜的球差。由于施密特望远镜具有像质好、视场大的优点，它被更多地用于大视场天文观测。但因为制造大块的透射材料很困难，以及镜筒太长，望远镜不能做得太大。1948年建成的帕洛玛天文台口径1.22米的施密特望远镜和1960年建成的陶登堡史瓦西天文台口径1.34米施密特望远镜是当时世界上最大的折射式施密特望远镜。

苏联光学家马克苏托夫于1944年发明了马克苏托夫望远镜。它由一块比较厚的球面弯月形透镜和一个球面反射镜构成。用透镜校正球面镜的球差。一般用于小型的望远镜。

帕洛玛天文台施密特望远镜（绘图：Russell Porter，1941）

现代大型天文望远镜

天文学的发展，不单对天文望远镜的口径的要求越来越高，而且对像质的要求也越来越高。环境因素对像质有很大影响，如重力、温度等的变化会引起镜面误差和光学系统准直误差；大气扰动造成的视宁度不稳定会使星像变模糊。由于这些影响的存在，即使天文望远镜制造得很好，也不能得到很好的图像。

现在来看，天文望远镜的发展主要集中在两个方向：一个是上天，一个是占地。上天指的是由于地球大气的影响，大部分短电磁波（如紫外线和X射线）都无法被观测，所以只能利用航天技术将望远镜送到外太空，哈勃空间望远镜就属于此类。所谓占地指的是地面望远镜，比如我国建设的射电望远镜FAST，该望远镜利用贵州独特的喀斯特地貌建设而成，其口径达到500米，是世界上最大的射电望远镜。

射电望远镜FAST

图片来源：Wikimedia Commons　　图片版权：Rodrigo con la G

六分仪

回顾人类航海史，早期航海活动主要依靠陆上参照物来判别方位和确定航线。随着航海活动不断向大洋深处延伸，在没有陆地和岛屿作为参照物的海况下，水手们只能依靠观测天体来判断自身位置。

在六分仪出现之前，人们曾设计制造出多种定位工具，例如明代郑和下西洋时的“牵星板”。而在欧洲，大多数航海家使用航海星盘等工具进行测量。这些工具虽能测出船舶位置，但暴露出精度低、操作难度大等问题。六分仪的原理是牛顿首先提出的。直到18世纪初，英国人哈德利发明了定位仪器，通过两块镜子将太阳或某颗星的投影与地平线排成一条直线，从而确定纬度。因其分度弧弧长约为圆周的八分之一，故被称为八分仪。

1757年，世界上第一种真正意义上的六分仪问世，最高精度可达10角秒，因其分度弧弧长约为圆周的六分之一，故名为六分仪。

六分仪和指南针

图片来源：Wikimedia Commons　图片版权：Fanny Schertzer

六分仪原理与应用

在大航海时代，如何在茫茫的海面上辨识方向，如何实现环球航行，这是当时摆在人们面前的问题。六分仪应运而生，人们利用六分仪测量远方两个目标之间的夹角——最常用的是测量天体与海（地）平线或天体与天体之间的夹角，由此来确定观测者所在的纬度，这对航海而言有着重大意义。

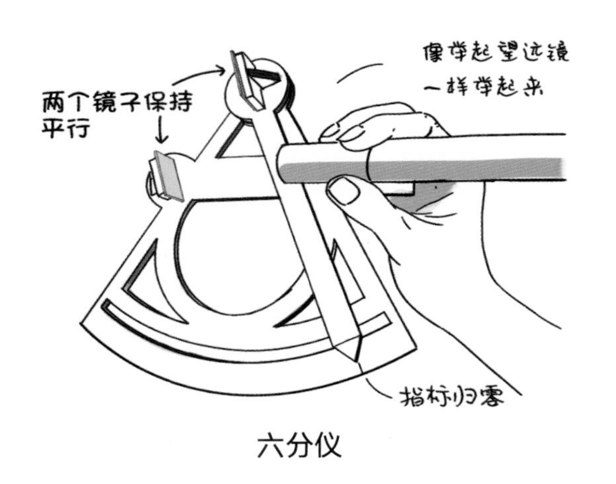

六分仪

在接下来的活动中，你将学习六分仪的原理与应用，并利用六分仪测量观测点的纬度。

六分仪包括两大部分：一部分包括架体、分度弧、望远镜、地平镜；另一部分包括指标臂，以及固定在指标臂上的指标镜。

六分仪整体角是60°，分度弧的刻度是0°到120°。

试一试

1.请你利用六分仪测量你所在地的纬度。

2.六分仪不仅可以用于测量纬度，还可以用于测量建筑的高度角，进而计算出建筑物的高度。请你选定一栋建筑物，将你的计算过程记录在下方。

已知人与建筑物的距离 b 是100米，请使用六分仪读出建筑物的角度 A，然后根据正切三角函数（$\tan A = a/b$）求出建筑物的高度 a。

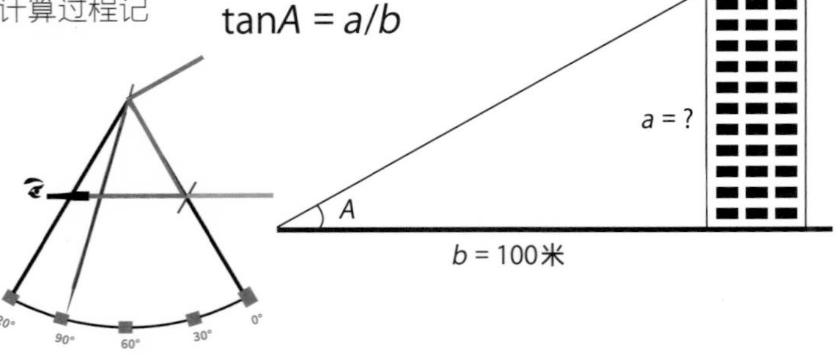

六分仪的使用方法

第一步，把六分仪放置在水平位置上，确保其与地平面保持平行。

第二步，调零。指标臂调至0°，微调地平镜，使从望远镜看来指标镜反射的海平面与地平线重合。

第三步，转动指标臂，让阳光反射到地平镜上。观测者的视野里，开始出现太阳的影像。

第四步，当太阳影像与海平线相切时，指标臂的指针对准的刻度，就是太阳此时的高度角（太阳高度角就是太阳光的入射方向和地平线之间的夹角）。

六分仪使用第二步

六分仪使用第四步

活动记录

1.如何使用六分仪？

2.你所在地的纬度是多少？

3.在测量过程中你遇到了什么困难？是如何解决的？

（回复“六分仪”，观看六分仪安装视频）

旋转星图

旋转星图又称活动星图，是由两个有着共同轴心、可调整的盘面组成的观星工具。它可以调整显示出任何日期和时间可以看见的星星，是协助辨认恒星和星座的仪器。观星者可以用它来计划一晚的观测顺序。不同地理纬度的观测者使用的旋转星图不同，例如香港使用的是北纬20°至25°的旋转星图，而南、北纬所用的也不同。旋转星图相对较便宜，且可显示出不少的星座，又方便携带，所以适合入门观星者使用。

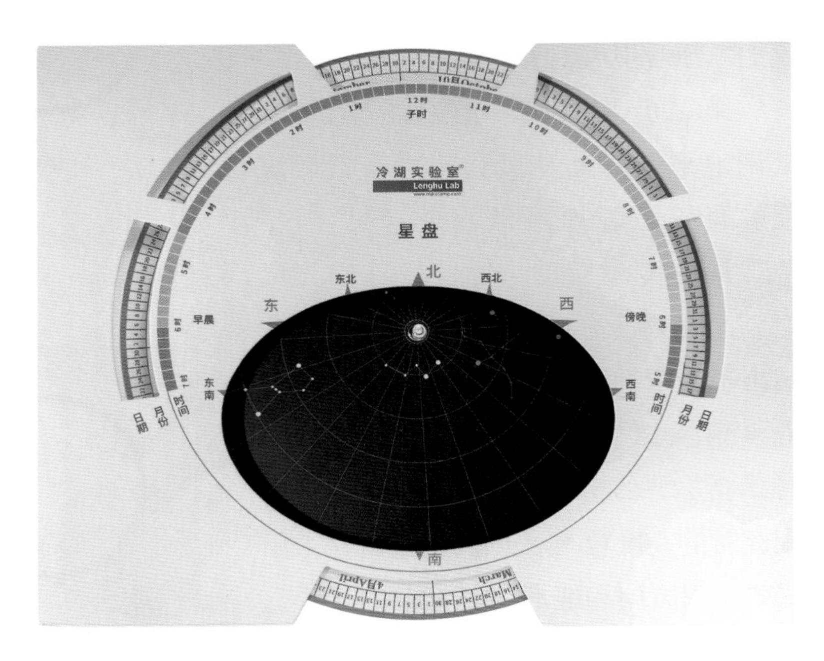

旋转星图

活动星图中心有一个偏向一侧、看似椭圆的窗口，以便指定时间能看见的星星可以在窗口中出现。星图中包括在地球的某一纬度可以看见的亮星和星座，因为从地球上能看见的夜空取决于观测者的纬度，所以活动星图的窗口会依据纬度做设计，观测者也要选择最接近所在纬度的活动星图才能使用。

在活动星图的上层标示完整24小时的时间，星图层的外缘则标示完整的12个月的日历。窗口的边缘代表地平线，并标示出地平方位。

在户外如何使用旋转星图

调整活动星图的星图层，让观测者所在地的地方时和日期对应着观测者现时的时间，窗口内能看见的就是天空中该时刻所能见到的星图。因为是将球形的天球压成平面，所以会随着所在的纬度而有不同程度的变形，离中心越远变形越大。窗口与圆形和椭圆的差别也越大。

星图的边界代表地平线，中心即是观测者的头顶。要将活动星图的方位与实际的星星位置对应，最简单的方法是面南而站，将星图高举在头上，并正确地对应出东西方向，不要混淆星图和地图上的东与西，两者是相反的。

在乡村无月的夜晚，你看到的星星会比星图中的多；而在城市中或满月时，你看到的星星会比星图中的少。

试一试

请你用星盘找出7月18日天蝎座处于正南方的时间点是几点。

星空下的笔者

后　记

青海省海西州冷湖镇独特的环境给这里带来了一个新的主题——火星。这里也被称作地球上最像火星的地方。冷湖地区气候寒冷干燥，少雨多风，昼夜温差大，地面上几乎寸草不生，放眼望去全是裸露的土壤和岩石。多年的观测数据显示此地的年降水量仅为12毫米，而年蒸发量在2 000毫米以上，非常不适合动植物生存，所以荒凉得如同火星。

冷湖除了气候与火星相似外，地貌上也极其相似。在距离冷湖镇西约80千米处，有着约为2.1万平方千米连绵起伏的俄博梁风蚀雅丹地貌群。俄博梁海拔为3 000～3 200米，迄今是国内发现的最大的风蚀土林群，也是世界上最大、最典型的雅丹景观。这里的雅丹地貌形态丰富，有鲸鱼形、槽垄形、烽燧形、立柱形等，同时还有各种各样惟妙惟肖的造型，如火星雄狮、千年之吻等，充满雄伟壮丽、神秘莫测之感。

2018年8月，我们第一次来到冷湖这片广袤荒芜的土地，带着十几名青少年开启第一期火星移民先锋营，

冷湖风蚀雅丹地貌群

图片版权：焖烧驴蹄

火星营地鸟瞰图

那时火星营地正在建设中。2019年3月火星营地正式投入使用，这是中国首个火星主题研学营地，每年我们都在这里带着来自全国各地的青少年开展关于火星主题的研学活动与项目式探究。青少年们尝试靠着自己的努力解决一个又一个真实的问题，例如，当人类第一次登陆火星时如何解决能源问题；如何寻找火星水源；找到水源后，如何净化水质……

从2018年至今，经过几年的发展，冷湖火星营地俨然已经成为一个网红之地，有的人为雅丹地貌而来，有的人为营地太空舱而来，有的人为这里浩瀚的星辰而来……笔者每年都会在冷湖待上20天左右，带领青少年一起探讨关于火星的话题。2021年，我们的主题是“火箭先锋营”，和翎客航天一起带领青少年学习火箭原理、造火箭并进行实地发射测试。在这一期营中，来自全国各地的35名学生被分为5人一组，每组造了一枚固体发动机火箭，并在翎客航天火箭发射基地进行发射。我们将孩子们的火箭发射成绩做了一个“青少年火箭发射排行榜”，目前位居榜首的是飞行高度451米的成绩。

2022年7月，第一届冷湖火箭排行榜将拉开序幕，往后每年都将有一群心怀梦想的青少年从四面八方汇聚于此，他们的目标只有一个——让自己建造的火箭飞跃卡门线！青少年的航天梦想在这里起航，冷湖的故事将一直延续。我们相信无论你身在何处，创造力都因梦想而生。

火箭少年们在冷湖火箭基地合影

图片版权：彭建

火箭发射现场

图片版权：彭建

火箭少年们正在回收火箭

图片版权：彭建

冷湖的银河